U0337987

国家自然科学基金项目(62273213,62073199)资助
山东省自然科学基金创新发展联合基金项目(ZR2022LZH001)资助

子空间学习模式下的小样本遥感图像分类算法研究

王雪琴　王家岩　卢　晓　王海霞　著

中国矿业大学出版社
·徐州·

内容提要

本书围绕小样本遥感图像分类任务展开具体研究工作，重点解决小样本图像分类任务中存在的提取特征鉴别性不足，以及样本分布与实际数据分布存在偏差等问题。本书提出了系列的子空间学习算法，进一步改善小样本遥感图像分类性能。

本书可供深度学习、小样本学习、图像分类、遥感图像处理等领域的科研工作者及高等院校师生参考。

图书在版编目(CIP)数据

子空间学习模式下的小样本遥感图像分类算法研究 / 王雪琴等著. —徐州：中国矿业大学出版社，2023.4

ISBN 978-7-5646-5802-1

Ⅰ. ①子… Ⅱ. ①王… Ⅲ. ①遥感图像—分类—算法—研究 Ⅳ. ①TP751

中国国家版本馆 CIP 数据核字(2023)第071466号

书　　名 子空间学习模式下的小样本遥感图像分类算法研究

著　　者 王雪琴　王家岩　卢　晓　王海霞

责任编辑 马晓彦

出版发行 中国矿业大学出版社有限责任公司

（江苏省徐州市解放南路　邮编 221008）

营销热线 (0516)83885370　83884103

出版服务 (0516)83995789　83884920

网　　址 http://www.cumtp.com　**E-mail**:cumtpvip@cumtp.com

印　　刷 江苏凤凰数码印务有限公司

开　　本 850 mm×1168 mm　1/32　**印张** 4.125　**字数** 108 千字

版次印次 2023 年 4 月第 1 版　2023 年 4 月第 1 次印刷

定　　价 24.00 元

（图书出现印装质量问题，本社负责调换）

前　言

数字遥感的问世，开启了人类从外层空间数据化观测地球、探索宇宙空间的伟大征程，为人类认识自然国土、地理风貌、水土资源、环境状况、全球变化找到了更为便捷的途径。随着遥感技术的发展与成熟，遥感技术应用领域呈现定量化、智能化、动态化、网络化、实用化等多维度发展态势。遥感数据获取手段的丰富，为海量对地、对物观测数据的获取提供了优良的条件，高效且精准的遥感数据使得遥感图像处理进入研究高潮。遥感图像具有拍摄范围广、拍摄数量多等特点，但由于其尺度多样化、拍摄背景复杂、拍摄高度存在数倍差距等，使得相同类型的地面目标差异大。遥感图像分类是遥感图像处理的一个重要分支，依据遥感图像自身的特点，使用计算机对遥感图像按照一定的研究需求进行分类处理，为图像的有效筛选及分析应用提供重要保障。

近年来，深度学习飞速发展，取得了令人瞩目的成绩，其在图像分类领域的表现尤为突出，其模型在特征提取方面具备更优秀的表现能力。深度学习模型具有多个处理层，可以对遥感图像提取更深、更多的特征，使遥感图像分类更精准、快速。遥感图像包含的信息量大，涉及的地物种类丰富，不同的分类模型分类性能存在差异。训练分类器是数据挖掘中针对样本分类研究的关键，分类训练是在训练样本集上进行深度优化数据的过程，是机器学习的一个重要分支。

虽然，许多基于大数据的深度学习方法在最近的分类任务上取得了优异的性能，但是这些深度学习分类方法需要依靠大量的数据进行训练才可以获得良好的结果。在数据有限或数据采集成本昂贵的情况下，基于深度学习的模型的应用是受限的。受现实世界中大部分事物的数量较少，并且人类学习认识一个事物只需要极少数的样本启发，研究小样本图像分类技术成为计算机视觉图像分类领域的高热点问题。当下，遥感领域数据集较少，小样本遥感图像分类的深度研究可以提高人们对遥感图像的研究、分析能力，获取更高质量的遥感分类产品，进而拓宽图像分类技术的应用领域。因此，小样本数据的遥感图像分类方法具有重要的现实研究意义及更广阔的应用前景，是未来遥感图像分类的发展趋势。

本书关注的是子空间学习模式下的小样本遥感图像分类任务。子空间学习思想是指将高维信息映射到低维信息空间，在降低数据维度的同时，保留重要信息组成，是一种经典的降维思想。在图像分类任务中，图像特征提取和分类器的设计都可以视为子空间学习过程，但其各自含义不同，具体地，特征提取是将图像视觉信息映射到特征空间，分类器的设计是将提取的特征信息映射到语义空间，输出类标签。小样本遥感场景分类框架包括预训练和元测试两个阶段。由于两个阶段的数据类别不同且没有交叉，不存在直接的相似性关系，因此，预训练特征提取器无法适应新的数据类别，将产生“负迁移问题”。此外，由于含标签样本过少，将导致样本分布与实际数据分布存在偏差。针对上述问题，本书分别从训练集所训练的模型在测试集上提取特征鉴别性不足及样本分布偏离数据实际分布两方面开展具体研究工作。

本书的研究工作得到国家自然科学基金项目(62273213,62073199)和山东省自然科学基金创新联合基金(ZR2022LZH001)等项目的资助。

本书的主要内容是作者和课题组同行及研究生长期科研工作成果的积累，为此，这里特别感谢课题组成员在现场实测及实验室数据研究、调试、整理工作中的辛勤付出，同时对本书所引用资料及文献的作者表示最诚挚的感谢。

由于小样本学习是正在发展中的热点领域，理论性强、技术更新快，作者水平有限，书中难免有不妥之处，恳请广大同行、专家批评指正。

作　者

2023 年 1 月

目　录

第1章 绪 论

1.1 研究背景及意义

遥感是利用搭载在遥感平台上的传感器在非接触远距离的情况下观测目标，通过发射电磁波进行探测观察的一项技术与科学[1]。随着遥感技术的蓬勃发展与日趋成熟，遥感技术逐渐被应用在各个领域，朝着数据化、自动化、实用化、网络化等多个方向全面发展。

遥感技术起源于航空摄影技术，20世纪60年代以来，伴随以探测为目的的人造卫星、气象卫星、载人宇宙飞船等的成功发射，航天遥感进入大众视野。随着传感器的迭代更新以及遥感平台的发展，通过遥感技术捕捉到的图像越来越清晰、分辨率越来越高，多光谱高分辨率以及高光谱高分辨率等遥感影像相继出现，这类遥感图像数据大、信息多，目标图像形状清晰、结构完整、位置信息更准确，人们借助遥感图像可以获取到更多有用的信息，但这也意味着人们对遥感图像的处理过程更加复杂。

信息技术的日新月异，启动了“数字地球”新概念，具有数字化地球表示的遥感图像，为研究地球变化现象、过程、规律、解决方案等提供有效的思维模式与广阔视角。遥感技术的飞速发展，在促进科学理论大发展的同时增强了人类对地球变化的应变能力。在实际生活应用中，人们足不出户就能观察目标状态、位置，以及预测发展趋势。该技术已经成功应用在雷达检测[2-3]、目标检测[4-6]、灾害评估[7-8]及土地覆盖分类制图[9]等实际场景中。一方面，遥感图像应用范围广泛，不同的适用场合对于遥感图像的处理提出不同的要求，增加了遥感图像处理难度；另一方面，遥感技术的增强使其获取数据的方式变得多种多样，需要处理的数据量急剧增加，这就需要对获取到的图像进行合理有效的分类处理。同时，由于存在干扰或者受天气、光照等外界环境影响，抑或是受大气辐射、磁场变化、传感器视角、拍摄时间等因素的影响，遥感图像的光谱信息反映地物特征不尽相同[10]。研究人员通过对遥感图像进行特征提取、处理、分析，按照一定的规则使用计算机进行自动分类处理，经由图像分类后，人们在面对海量数据时能更方便、更快捷地对其进行处理和应用。

遥感图像分类是遥感图像处理中的一个重要分支，是将图像中的每个像元，根据其在不同波段的光谱亮度、空间结构或者其他信息，按照某种规则或算法划分为不同的类别，主要目的是通过遥感图像获取地物信息、识别实际地物种类，进而对遥感图像进行分类。分类的依据是同一条件下同一类别的地物目标是否具备相同或相似的光谱信息特征和空间信息特征。显然，同一类别的地物目标像元的特征向量聚集在同一特征空间区域，不同类别的地物目标其光谱信息特征或空间信息特征存在差异，分别聚集在不同的特征空间区域。落实到数字图像中的具体体现是将图像中每个区域或像元点进行归类处理，借助具体的规则或算法划分图像所属类别，进而实现图像数据从二维灰度空间到目标模式空间的转换，应用于生产生活中的各行各业。

遥感图像分类方法有很多种，根据不同的划分要求可以分为不同类别。是否需要人工参与选取标记样本成为监督分类与非监督分类的分水岭；依据分类对象的不同，最小分类单元可分为基于像元的分类、基于对象的分类，以及基于混合像元分解的分类；实际应用中，类型不同的遥感图像针对具体应用场景，其使用的分类方法也不尽相同。

基于人工提取图像特征的分类方法是早期遥感图像分类采用的主要方法，具体流程是具有专业知识及实践经验的科研人员，依托已获取的图像纹理、颜色、形状、光谱特征等有用数据，合理制定规则、算法，借助计算机技术进行目标任务分类。基于人工提取图像特征的分类方法主要在遥感领域早期应用较为广泛[11]，代表性的方法有颜色直方图表示[12]、纹理特征描述符[13]、全局特征描述符[14]等。但由于现实环境复杂多变且依靠人工提取图像特征的方法具有局限性，不足以支撑现如今遥感技术的发展。在图像处理任务中除使用人工进行图像特征提取外，研究人员陆续提出新的图像特征提取方法，对于未标记的图像采用非监督特征学习方法取代人工提取图像特征的方法，从而更好地提取图像特征信息[15]。主要的非监督特征学习方法有主成分分析法（principal component analysis，PCA）[16]、k均值聚类（k-means clustering）[17]、稀疏编码[18]及自动编码器（auto encoder，AE）[19]等。

如今，深度学习方法飞速发展，取得令人瞩目的成绩，其在图像分类领域的表现尤为突出，其模型在图像特征提取方面具备更优秀的表现能力[20]。深度学习模型具有多个处理层，可以对遥感图像提取更深、更多的特征，使遥感图像分类更精准、快速。用于图像特征提取的深度学习方法主要是卷积神经网络（convolutional neural network，CNN）[21]。遥感图像包含的信息量大，涉及的地物种类丰富，不同的分类模型分类性能存在差异。训练分类器是数据挖掘中针对样本分类研究的关键，分类训练是在训练样本集上进行深度优化数据的过程，是机器学习的一个重要分支。在传统的监督算法中，分类器从已标记的信息样本中进行分类学习，建立模型对未标记的样本进行分类预测；半监督学习是通过无标记数据与有标记数据的结合使用进行分类;无监督学习则是完全利用无标签数据进行学习、分类的过程。

遥感图像具有拍摄范围广、拍摄数量多等特点,但由于其尺度多样性、拍摄背景复杂、拍摄高度存在数倍差距等原因,相同类型的地面目标差异大。现在,遥感图像分类存在两个困难:一方面是遥感图像分辨率较高,包含的语义信息复杂且多样,而传统的机器学习方法依赖于人工专业知识和经验,算法的泛化和鲁棒性差,需要对图像的特征进行多重提取、处理及分析,因此很难获取图像的完整语义信息;另一方面是遥感影像烦琐的裁剪、标注工作以及稀有图像获取成本问题,使得研究人员很难得到大规模的遥感图像数据集,因而弱化了训练的模型泛化能力,增加了对获取到的遥感图像进行信息提取的难度。

航空数据和遥感数据的分类在土地利用和覆盖[22-24]、植被覆盖[25]、资源调查[26]、自然灾害观测[27-28]、环境监测[29]和船舶监测[30-31]中是至关重要的。许多基于大数据的深度学习方法在最近的分类任务上取得了优异的性能,然而这些深度学习方法[32]需要依靠大量的数据进行训练,以获得良好的结果。在数据有限或数据采集成本昂贵的情况下,基于深度学习的模型的应用领域是有限的。现实世界中大部分事物的数量较少,并且人类学习认识一个事物只需要极少数的样本启发,因此,研究小样本图像分类技术已成为计算机视觉图像分类领域的高热点问题[33]。当下,遥感领域数据集较少,小样本遥感图像分类的深度研究可以提高人们对遥感图像的研究、分析能力,获取更高质量的遥感分类产品,进而拓宽图像分类技术的应用领域、作用方式、效率提升等内容。因此,小样本条件下的遥感图像分类方法具有现实的研究意义,是未来遥感图像分类的发展趋势。

子空间学习是指通过将高维信息映射到低维信息空间,降低数据维度,保留重要信息组成,是一种经典的降维思想。在图像处理分类中,图像特征提取和分类器的设计都可以视为子空间学习过程,但其各自含义不同,图像特征提取将图像视觉信息映射到特征空间,分类器的设计将提取的图像特征信息映射到语义空间输出类标签[34-35]。本书借助空间学习的思想,旨在通过子空间学习,校正遥感图像特征,改善小样本遥感图像分类性能。

1.2 国内外研究现状分析

1.2.1 遥感图像分类

传统的遥感图像分类主要是基于像元的光谱统计特征,即将图像中的每一个像元,根据其在不同波段的光谱亮度、颜色、形状、纹理等信息,按照某种规则或算法划分为不同的类别。典型的分类方法包括:颜色直方图(color histograms)分类法,根据颜色中的色彩分布对图像分类,但无法获取位置信息;纹理特征(texture features)分类法,其核心问题是成功获取图像表层纹理特征,其中灰度共生矩阵(gray-level co-occurrence matrix,GLCM)[36]、Gabor特征和局部二值模式(local binary patterns,LBP)等在遥感图像分类[37]领域得到广泛应用;尺度不变特征变换法(scale-invariant feature transform,SIFT)[38]和方向梯度直方图法(histogram of oriented gradient,HOG)[39],通常用来作为构建全局图像特征的构建块,良好地利用了图像局部纹理特征,如改进的同心圆多尺度视觉词袋(bag-of-visual-words,BoVW)[40]模型、空间金字塔共线性核模型(spatial pyramid co-occurrence kernel,SPCK)[41];基于稀疏表示的高光谱影像(hyperspectral image,HSI)分类和基于内核方法的HSI分类[42]为单特征方法,无法对图像进行准确的分类和提取有用的信息,或是提取的特征过于表层,无法满足要求,因此如何利用遥感图像更深层的特征,成为分类的关键问题。

随着人工智能领域的快速发展，越来越多的科研人员尝试通过机器学习来代替人工完成遥感图像的解译问题，并取得了一些阶段性的进展。其中涉及的机器学习算法主要包括：支持向量机(support vector machine，SVM)，通过借助核函数，将二维线性不可分样本映射在高维特征空间实现线性可分，从而实现解算最优化，进而寻找最优分类超平面，解决复杂数据分类问题，文献[43]研究了 SVM 应用于无人机影像和 Landsat 8 影像的分类，分类精度为 84.80%，文献[44]构造一个半监督 SVM 分类器的集合来解决遥感图像分类问题；决策树(decision tree)，是对图像光谱、颜色、空间、纹理等信息定义算法，通过不断比较各类信息，更新迭代算法来满足分类要求，近年来有基于决策树算法改进的随机森林模型[45]以及 CART 决策树[46]陆续用于遥感图像分类；主成分分析法(PCA)[47]，是一种线性降维分析方法，借助正交变换方案，将可能存在相关性的变量转换为线性不相关的变量，使新变量之间相互独立，进而实现高维数据到低维数据的转换，便于分类，但由于这种变换是线性的，故无法表示更复杂的函数；k 均值聚类，首先将样本集合划分为 k 个子集，形成 k 个对应子类，然后将 n 个样本投递至 k 个子类中，投递前提是每个样本到其所属类的中心距离最小，目的是使每个类别具有最大相似性，最终完成有效分类，典型的例子是基于 BoVW 的方法[48]；稀疏表示(sparse representation)[49]，旨在用较少的基本信号的线性组合来表达大部分或者全部的原始信号，把图像转化为更简洁的表达方式。相比于传统单特征的分类方法，基于机器学习的方法在分类的精度和信息复杂度上都有很大的提高，但以上方法(包括有监督的和无监督的)都很难提取其中更深层次的信息和语义信息，不能满足更高分辨率和内容更复杂的遥感图像的分类要求。

近年来，随着深度学习方法的兴起，建立一种更深层次的网络来学习更复杂的函数将分类问题提升到了新的高度，越来越多的深度学习方法被应用于遥感图像分类，旨在获得更高维度的特征。其中比较典型的方法包括：自动编码器[50]，由编码器和解码器组成，分别用于将图像的高维特征嵌入低维空间和将低维数据映射回数据空间重构图像，在此基础上改进的去噪自动编码器(DAE)，能够通过向输入注入噪声并利用含噪样本重构无噪输入，进而形成更高层的特征表达，后来的栈式自编码器（stacked auto-encoder，SAE）将 AE 网络逐层连接，在一定程度上拟合了训练数据的结构，便于网络初始化加快迭代收敛，这几种编码器都在遥感分类任务中取得了良好的效果，文献[51]通过栈式自编码网络利用遥感图像中的光谱信息来提高高光谱图像的分类精度；卷积神经网络[52]，是模拟大脑神经元处理信息的网络，通常由卷积层、池化层和激励函数组成，通过共享参数大大减少了计算量并且能够有效地提取参数特征，常用的模型有 Alex-Net[21]、VGG[53]、Google Net[54]、Resnet[55]等，为了证明卷积神经网络模型在遥感图像分类上的应用效果，Li 等[56]运用四种深度学习网络对城市遥感图像进行分类；深度信念网络（deep belief network，DBN）[57]可以实现有监督和无监督分类，通过把浅层特征抽象为高级表达逐步提取低维到高维的特征，提高分类精度；迁移学习是指将一个分类问题上训练好的模型优化到另一个分类问题，随着深度学习网络的加深和参数量的增加，对数据量的要求也不断被提高，由于目前遥感图像数据集的不完善，基于迁移学习小样本遥感图像分类问题成为分类问题中一个重要的方向。

深度学习网络的出现使遥感图像分类的速度和精度都有了显著的提高，与传统的模型相比，它能建立更复杂的函数，在分类中有效整合多种特征信息，与浅层的机器学习相比，深度学习网络更深更宽，利于学习图像高层次的抽象特征。但是选择合适的学习网络、构造特定图像损失函数，以期实现最优的分类结果，属于深度学习下分类问题的瓶颈问题。另外，各种特征提取有效解释的匮乏现状，有限的遥感图像训练集等都是制约深度学习前进的重要因素。

1.2.2 小样本图像分类

传统的深度学习模型包含大量的参数，大量的标签数据是模型训练的必备条件，这需要花费大量的人力和物力，而且当标签数据不足时会引起模型拟合不足，产生欠拟合现象，进而导致模型的泛化性能下降，因而极大地限制了深度学习的应用。为了解决这个问题，专家学者提出了小样本学习（few-shot learning，FSL）这一概念。顾名思义，小样本学习就是利用有限数量的样本让模型学习到有用的知识，然后将模型应用于未知的同类样本并得到较为准确的识别效果。相比于传统的深度学习，小样本学习过程与人类的学习过程更相似。人类对于未知类的学习不是通过大量的样本不断强化记忆进行的，而只需要对很少的样本学习几遍就能进行很好的识别。例如拿一张斑马的图片让一个从未见过斑马的人学习，这个人会很快记住斑马的主要特征，下次再见到斑马的图片或者模型的时候，他能够很快地认出来。小样本学习就是模拟人类这种快速学习的能力。小样本学习的整体框架如图 1-1 所示。

小样本学习是以任务的形式对模型进行训练和测试的。一个任务包含两个集合，分别是支持集和查询集，支持集是让模型学习的图片集，查询集是对模型进行评估的图片集。支持集的构成是从一个大的基类数据集中选择 N 个类别，每个类别选择 K 张图片，一共是 $N\times K$ 张图片。查询集与支持集的类别相同，每个类别包含 Q 张图片，一共是 $N\times Q$ 张图片。查询集与支持集图片不相交。选择好任务以后，首先支持集图片经过一个特征提取器提取图片特征，然后经过分类器对图片特征进行分类，调整更新网络参数；最后使用更新后的模型提取查询集图片特征，进而

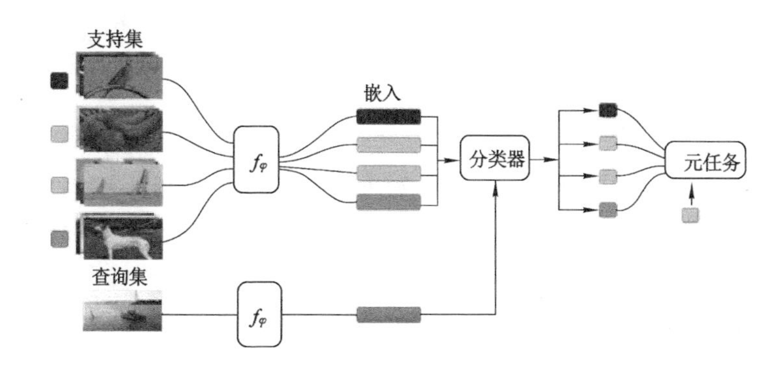

图 1-1　小样本学习的整体框架图

使用分类器对查询集图片特征进行预测，得到最终的结果。

小样本学习自诞生以来便受到了极大的关注，众多专家学者提出了许多小样本学习方法。鉴于小样本学习的先验知识来自数据、方法、模型，因此根据目标的不同，小样本学习方法大致可分为基于数据的小样本学习方法、基于优化的小样本学习方法和基于度量的小样本学习方法。

(1) 基于数据的小样本学习方法

基于数据增强的技术在监督学习领域非常流行，例如缩放、裁剪、旋转（顺时针和逆时针）这样的传统技术被用来扩展训练数据集的大小，其目标是增强模型的泛化能力，使模型更好地一般化并避免欠拟合场景。在小样本学习中，其思想是通过增加最小可用样本和生成更多样的样本来训练模型，从而扩展先验知识。

基于数据的小样本学习方法是利用先验知识来增强训练数据集，扩充样本的数量，然后将标准的机器学习模型和算法用于增强的数据，并可以获得更精确的经验风险最小化算法。在小样本学习方法中，通过手工规则进行数据扩充通常用作预处理，除了手工编写的规则外，还有其他更高级的数据扩充方法。根据转换并添加训练集的样本不同，数据扩充主要分为基于训练集的样本变换、将来自弱标记或未标记数据集的样本转化，以及将来自类似数据集的样本转化三种方法。

在早期的小样本学习论文中，Miller 等[58]通过迭代的方法将每个样本与其他样本对齐，从类似的类中学习一组几何变换。Schwartz 等[59]使用一组自动编码器，每个代表一个类内可变性，从类似的类中学习。Douze 等[60]提出通过标签传播训练为无标签数据标注伪标签，把没有标注的图片加入训练样本中，没有学习分类器，而是直接使用标签传播来标记未标记的数据集。Kwitt 等[61]研究发现场景的变换对图像在空间特征的表示存在较大影响，通过分析表征图像特性的函数，从大量场景图像中学习独立属性强度回归量，然后将原始训练样本的标签分配给由每个训练样本生成的多个样本。Liu 等[62]在此基础上改进连续属性子空间，使用连续属性子空间向训练样本添加属性变化。

Pfister 等[63]提出了域自适应小样本学习，通过对训练集中的每个目标标签学习一个样本支持向量机，然后用它来从弱标记数据集中预测样本的标签，最后将带有目标标签的样本添加到训练集中。Wu 等[64]使用未标记样本进行预处理，稳步提高卷积神经网络的特征表示。Fu 等[65]通过在半监督或转导设置下利用大量未标记数据的流形信息来学习一次性模型。Chen 等[66]提出了一种新的用于特征增强的自动编码网络对偶三元组，使得语义空间中简单的增广特征分布转化为图像特征空间中复杂的增广特征分布，从而大大提高了性能。

Tsai 等[67]从一个辅助文本语料库中提取聚合权值。由于这些样本很可能不是来自小样本类，若将聚合的样本直接投放至小样本训练集，效果不一定理想，因此，Gao 等[68]使用生成对抗网络(GAN)[69]从一个数据集生成新的样本。为了弥补 GAN 训练中样本的不足，采取将小概率类的样本映射到大概率类，将大概率类的样本映射到小概率类的模式进行数据学习处理。

Alfassy 等在文献[70]中描述了一种技术，这种技术可以用于处理具有多个标签的样品，以进行小样本分类设置。根据他们的方法，数据样本由交集、并集或差集组成，是由两个不同输入数据样本中的标签生成的。在 Xian 等[71]所做的工作中，作者提出了三维卷积神经网络学习样本的时空特征，强调视频特征学习的重要性，该基准测试的灵感来自 ImageNet1k 数据集[72]。

(2) 基于优化的小样本学习方法

如果监督信息丰富，可以通过梯度下降法进行学习并交叉验证，但是小样本学习的样本数量少不足以支撑这种方法，所以提供一个良好的初始化参数可以大大降低训练的成本及错误率。这类基于优化的小样本学习方法主要有以下两种：

改进现有的参数需要进行预训练并逐渐适应训练集，预训练可以通过微调(fine-tuning)来实现。Arik 等[73]提出提前停止(early-stopping)的方法，它需要从训练集中分离一个验证集来监视培训过程，当验证集没有性能改进时，学习就停止了。Keshari 等[74]提出有选择地更新一部分参数，对于给定一组预先训练好的滤波器，它只学习一个与滤波器相乘的强度参数。Yoo 等[75]提出同时更新相关联的多个参数。Wang 等[76]使用模型回归网络捕获了与任务无关的转换，该转换将对少数样本训练得到的参数值映射到对大量样本训练得到的参数值，以此进行优化训练。除此之外，也可以使用新参数微调现有参数。Hoffman 等[77]使用预先训练好的 CNN 的低层进行特征嵌入，并使用训练样本对嵌入的特征学习线性分类器。在 Azadi 等的字体样式转换[78]中，首先对网络进行预处理以捕获灰度图像中的字体，若要生成彩色字体，需要与附加网络的培训一起进行微调。

Finn 等[79]提出的模型无关元学习(model-agnostic meta-learning，MAML)及其改进方法也是基于优化的小样本学习的一种较普遍的算法。MAML 在试图利用随机策略的反向传播估计二阶导数时遇到了很大的困难。Song 等[80]提出了一个基于进化策略的新框架 ES-MAML，避免了二阶导数估计问题，并且可以处理新型的非平滑自适应算子。Jiang 等[81]对 MAML 进行了改进，采用两阶段的训练和微调进行优化，大大提升了训练速度。Singh 等[82]将领域自适应与 MAML 结合起来，使得模型在有限的样本上进行快速拟合。Rajeswaran 等[83]解决了 MAML 在求解梯度过程中需要计算 Hessian 矩阵的问题，提出了改进版本隐式梯度元学习方法（implicit model-agnostic meta-learning，iMAML）。Zhou 等[84]提出元学习（meta-learning）过程中额外学习一个局部的曲率信息矩阵，用来解决二阶优化中存在的问题。除此之外，Lee 等[85]提出基于可微凸优化的元学习，即利用优化的隐式可微性和分类器的低秩特性进行学习。Bertinetto 等[86]使用降维的思想解决元学习中数据计算困难的问题，提升了运算速度。Liu 等[87]在元学习的框架中加入传导机制，也就是标签传播来应对少数据的问题。Andrei 等[88]使用变分自编码器与 MAML 结合，成功解决了在部分情况下无法求梯度的困难。

(3) 基于度量的小样本学习方法

基于度量的小样本学习是将度量学习与小样本学习相结合，其基本原理是根据不同的任务来自主学习出针对某个特定任务的度量距离函数。Snell 等[89]提出的原型网络是一种简单高效的小样本学习方法，通过计算嵌入空间中各个原型的中心进行学习。Oreshkin 等[90]提出度量缩放的方式是原型网络的一种改进，缩小了余弦相似度与欧拉距离在小样本学习上的差距，通过任务的样例集来协同训练，以此更新支撑集的特征提取，不同特征输出的任务训练提高了模型的泛化能力。Ren 等[91]成功地将原型网络的方法应用在了半监督领域。Wang 等[92]通过生成模型生成虚拟数据来扩充样本的多样性，并利用原型网络进行训练。

Vinyals 等[93]提出的匹配网络通过核函数映射到特征空间，再利用 k 近邻分类器进行分类。匹配网络还有多种改良形式。Altae-Tran 等[94]提出了一种新的架构，迭代细化长短时记忆，当与图卷积神经网络相结合时，大大提高了小分子上有意义的距离度量的学习。Bachman 等[95]增加了一个样本选择步骤，该步骤标记最有益的未标记样本，并使用它来增强训练集。Choi 等[96]扩展到集对集的匹配，这在标记一个样本的多个部分时很有用。

除此之外，Hilliard 等[97]引入了一种新的体系结构，在这种结构中，基于目标图像的每个小样本实验都需要对类表示进行调整，同时通过训练网络来执行类之间的比较。Cheng 等[98]设计了有两个部分的模型：元学习器是一个长短期记忆网络（log short-term memory，LSTM），将 LSTM 单元状态更新过程作为随机梯度下降法的近似，用于更新参数与梯度下降值；基学习器是一个匹配网络，使用 LSTM 提供的参数进行参数设置，因此这个模型能够处理不同任务、不同数目的类别（匹配网络的作用），而且能够产生针对不同任务的度量。Karlinsky 等[99]提出一种子网结构和相应的损失，使模型能够训练一个深度度量学习嵌入与多模态混合分布，先计算出嵌入特征向量，用其替代之前从已知类别里学到的特征向量，从而获取新类别的特征，再计算类别后验概率。Qiao 等[100]将元学习、深度度量学习和归纳推理相结合，通过探索每个任务中成对约束和正则化，将适应过程明确地公式化为标准的半定规划问题。Sung 等[101]使用由映射模块与关联模块组成的关系网络来训练小样本问题。Dong 等[102]将语义分割与原型网络相结合，训练时不需要额外学习参数，也不容易过拟合。Wang 等[103]所做的工作集中为特定任务设置的特征嵌入的构造。为了实现目标，他们使用了一种叫作 TAFE 网络（任务感知特征嵌入网络）的新模型。Oreshkin 等[104]所做的工作集中在一种新的度量缩放技术上，这种技术提高了小样本应用的性能。

1.2.3 小样本遥感图像分类

相比于普通图像,遥感图像数据更难获取,且标注成本更高。制作一个大型的遥感数据集的成本高昂,这在很多情况下是难以实现的,因此研究小样本遥感图像分类有着十分重要的意义。小样本遥感图像分类的研究在近两年吸引了学者们的广泛关注,目前,对小样本遥感图像分类的研究成果还较有限。很多小样本遥感图像分类的方法都是将普通图像的小样本分类方法进行改进,然后将其应用于遥感图像上。

根据小样本算法的分类,目前小样本遥感图像分类算法也可以分为基于数据、基于优化及基于度量的小样本遥感图像分类算法,且目前的大多数方法都是基于后面两种算法研究的基础上的。

(1) 基于数据的小样本遥感图像分类算法

目前,该方法研究相对来说比较少。单纯的数据增强算法效果较差,因此,几乎没有直接使用数据增强算法来进行小样本遥感图像分类的,而只是在读取数据后使用缩放、裁剪、旋转(顺时针和逆时针)这样的传统技术来扩展训练数据集的大小,然后通过对模型改进来进行小样本遥感图像的分类。此外,借鉴于这种数据扩充的思想,有专家学者将自监督、对比学习等方法应用于小样本遥感图像分类中,取得了巨大的成功。这些方法从本质上来说也是一种数据增强方法,只不过这些增强后的数据不会反映在最后结果的集合大小上,只是增强了模型的特征提取能力。

Alajaji 等[105]提出基于自监督对比学习的度量学习网络(SCL-MLNet),用于小样本遥感图像场景分类中。一方面,该网络通过多任务学习将自监督对比学习融入小样本分类算法中,使特征提取器能够从少量标注的样本中学习具有代表性的图像特征。此外,该网络设计了一个新的损失函数进行训练,以加快模型的收敛速度。另一方面,考虑类内样本之间的差异,在特征提取器中引入一种新的注意力模块，融合不同大小分类目标的多尺度空间特征。Li 等[106]提出了一种基于双分支深度学习的小样本高光谱遥感图像分类方法，该方法由两个分支分别完成一个立方体级和一个立方体对级的高光谱图像分类，通过共享的图像特征提取子网络，立方体对分支中包含的自监督知识提供了一种有效的方法，利用有限的标记样本对原始的少量高光谱图像分类分支(即立方体分支)进行正则化，从而提高了高光谱图像分类的性能。

(2) 基于优化的小样本遥感图像分类算法

基于优化的方法相比于其他方法来说进展较为缓慢，一是因为基于优化的小样本遥感图像分类算法较为复杂，二是由于基于优化的方法在遥感图像的分类上效果较差，因此研究热度相对来说较低。Alajaji 等[107]将 MAML 方法进行改进应用于小样本遥感图像分类中，虽然 MAML 被认为是具有影响力的小样本学习模型之一，但它在深度学习网络中最大限度地提高灵敏度方面存在问题，这可能导致训练时产生变化。其提出了一种基于 MAML 的小样本遥感场景分类方法，该方法在训练超参数上进行了修改，以保证训练过程稳定，实现遥感场景分类的高性能和泛化。

此外，还有其他方面的一些算法可以应用到小样本遥感图像分类领域，例如知识蒸馏、注意力机制等。这些方法在很大程度上改善了小样本遥感图像分类的效果，但是到现在还未有学者将目光转向跨域小样本遥感图像分类中。跨域小样本遥感图像分类可以将其他数据集上训练的网络模型应用于遥感图像分类中，这样可以避免因遥感图像数据集规模过小而导致的模型性能差的问题。

(3) 基于度量的小样本遥感图像分类算法

基于度量的小样本遥感图像分类算法很多都是在已有的小样本学习的算法基础上进行改进，使其更加适应遥感图像分类算法。

Li等[108]提出了一种端到端网络来提高小样本遥感图像场景分类性能，称为DLA-MatchNet。其首先采用注意力机制来研究通道和空间之间的关系，从而自动发现有区别的区域；然后利用不同的特征融合方案将通道注意力和空间注意力模块整合到特征网络中，实现"有区别的学习"；最后考虑到遥感图像类内方差和类间相似性较大的问题，不再简单地计算支持样本与查询样本之间的距离，而是将支持样本和查询样本的判别特征深度连接起来，利用一个匹配器"自适应"地选择语义相关的样本对来分配相似性分数。Yuan等[109]等将多注意力机制和注意力参考机制结合到DeepEMD网络中，提出了一种高效的小样本遥感图像分类方案。首先，通过融合全局注意力模块和局部注意力模块的主干网络提取场景特征，使主干网络能够同时捕获全局和局部层面的判别信息；其次，通过注意力-参考机制生成推土机距离(earth mover's distance，EMD)公式中的元素权重，可有效缓解复杂背景和类内形态差异的影响。此外，Cheng等[110]提出了一种带有原型自校正和互校正的孪生原型网络。首先，为了获得更准确的原型，利用支持标签的监督信息来校准由支持特征生成的原型，这个过程被称为原型自校正；其次，将查询样本的置信度分数作为另一种类型的原型，然后用同样的方式来预测支持样本。因此，支持样本和查询样本之间的信息交互隐含地进一步校准原型。该模型优化了三个损失量，其中两个额外的损失量有助于模型学习更有代表性的原型，并做出更准确的预测。然而，这些方法并不能很好地应用于小样本遥感场景分类。一方面，在元测试阶段，每个类别通常只有1个或5个训练样本；另一方面，由于小样本图像分类数据集和现有的远程遥感数据集之间过度的域偏移，在小样本数据集上的预训练模型不能适应远程遥感数据，称为"负迁移"问题，这将严重影响分类性能。

1.3 本书主要研究内容和技术路线

本书的第1章为绪论部分，介绍了研究背景、意义及主要研究内容。创新点集中在第2～5章中，分别针对小样本遥感图像分类“负迁移”问题，提出了4种不同的解决方案，完成基于子空间学习的小样本遥感图像分类。除了在公共数据集上进行实验外，本书选取山东省国土局2014年5月航摄博兴地区数字正射影像图和2014年滨州市北区航摄项目遥感图像构建RSSC12遥感数据集，进一步验证各章方法的有效性与实用性。第6章为总结与展望部分。各个章节内容总结如下：

第1章首先介绍了小样本问题的研究背景和意义，然后陈述了研究小样本遥感图像分类的意义，详细阐述了为什么要使用子空间的方法解决小样本遥感图像分类，并粗略介绍了本书的主要研究内容。

第2章针对“负迁移”过程中类间间距过小导致的不同类特征难以区分的问题，尝试使用字典学习来挖掘样本所内禀的特征，提出了一种基于共享类字典学习的小样本遥感图像分类方法。首先，使用自监督学习来辅助训练特征提取器，构造了一个自监督辅助分类任务，以提高特征提取器在训练样本较少的情况下的鲁棒性，并使其更适合于下游分类任务，提出了一种新的用于小样本遥感图像分类的分类器——共享类字典分类器(class shared dictionary pair learning，CSHDPL)。CSHDPL将新数据特征投影到子空间中，使重构的特征更具识别性，并完成分类任务。然后，根据实景遥感图像，具体实施构建了来自实际应用的遥感数据库RSSC12。最后，新的分类器分别在公有遥感数据集及自行构建的遥感数据集上进行了大量分类测试实验，结果表明，该方法显著提高了分类精度，优质地完成了分类任务。

第 3 章针对共享类字典学习的小样本分类方法缺少直观物理意义的问题，提出了一种基于共享类稀疏 PCA 方法（class shared sparse principal component analysis，CSHSPCA）的新型小样本遥感图像分类方法。CSHSPCA 将新数据特征映射到判别子空间中，获得更具鉴别性的重构特征，从而提高了分类性能。在两个公有小样本遥感场景数据集以及 RSSC12 遥感数据集上进行了测试、验证，不仅有效地解决了“负迁移”问题，而且分类识别率高于第 2 章实验结果，进一步验证了所提方法的合理性和有效性。

第 4 章针对“负迁移”中类内间距过大导致的特征容易误分的问题，使用了一种特定类稀疏 PCA 方法（class specific sparse principal component analysis，CSPSPCA），为每个类分别构造子空间，以揭示数据的内部结构。实验结果表明，该方法能够很好地提升遥感图像特征的分类效果。另外，本书使用了交替方向乘子法（alternating direction method of multipliers，ADMM）对分析字典进行优化，提高了计算效率。最后分别在两个常用的公有数据集及 RSSC12 遥感数据集上，取得了良好且优于第 2 章和第 3 章的分类效果。

第 5 章针对“负迁移”系列问题中涉及的样本不足导致样本分布与实际数据分布存在偏差问题，在小样本学习基础上引入自训练算法，构造半监督的子空间学习算法，有效地处理半监督的小样本遥感图像分类任务，并对自训练算法做出改进，加入无标签样本验证环节，从而解决自训练算法训练过程中存在的错误积累问题，具体采用深度残差网络和视觉几何组（visual geometry group，VGG）特征提取网络作为特征提取器，并对所用 4 个公有数据集及 1 个自行构建数据集进行特征向量的提取，结果改善了半监督自训练算法的训练效果，提高了图像分类的准确率。

第 6 章对整书的研究内容和研究结果进行了概括和总结，并通过分析所提方法的改进之处，对未来的工作进行了展望。

本书的研究内容结构框图如图 1-2 所示。

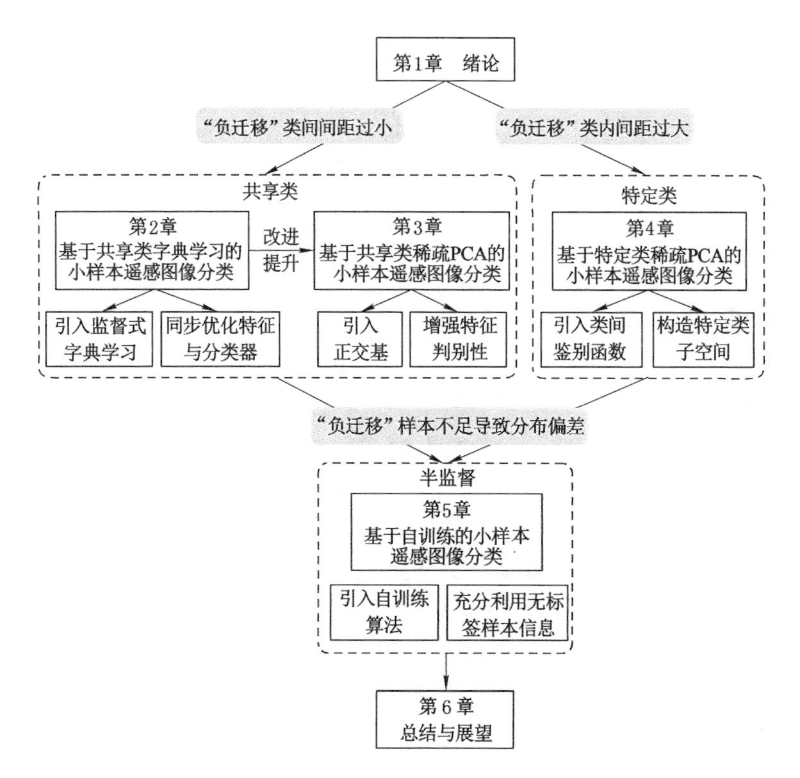

图 1-2　研究内容结构框图

第2章 基于共享类字典学习的小样本遥感图像分类

2.1 引言

本章分类方法针对“负迁移”过程中类间间距过小导致的不同类特征难以区分的问题，尝试使用字典学习来挖掘样本所内禀的特征，提出了一种基于共享类字典学习的小样本学习方法，用于遥感图像分类任务，称为CSHDPL。

目前，小样本遥感场景分类方法主要包括两个阶段：特征提取器的预训练阶段和元测试阶段。在预训练阶段，利用基础数据对特征提取器进行训练，得到了性能最好的特征提取器。在元测试阶段，使用预训练的特征提取器来提取新数据的特征。在每个阶段，受到数据量少的影响，主要面临两个挑战。

第一个挑战是如何训练一个泛化的特征提取器。造成这种问题的主要原因是特征提取器在预训练阶段受到训练数据不足的影响。该模型在训练过程中很容易出现过拟合或欠拟合现象，由于特征提取器的性能较差，使得样本无法提取更有判别力的特征。因此，有必要采取相关措施来提高特征提取器的性能。最近，有学者提出几种方法，尝试来解决这个问题。由Snell等提出的原型网络[89]使用了一个4层神经网络作为特征提取器。当训练数据较少时，神经网络的层数更少，并且不容易过拟合。同时，采用元学习方法对特征提取器进行训练，这与传统的能够判断训练数据集中所有类别的训练方法不同。这个方法从数据集中选择 N 个类别作为一个元任务，N 通常是 5，使用不同的元任务对模型进行训练，不断提高模型的泛化性能，避免了模型的欠拟合。然而，该方法受到神经网络浅深度的影响，不能提取出更深的图像表示特征，限制了该方法的分类性能。

与原型网络不同，Metaopt 使用具有 12 层神经网络的 Resnet-12 作为骨干[88]。当使用深度卷积网络进行特征提取时，网络深度越深，特征判别能力越好。同时，在网络中添加一个残差块，解决模型随着模型加深而性能下降的问题。Metaopt 获得了更好的性能，逐渐成为小样本图像分类的主要特征提取器。

与前两种方法采用的训练策略不同，Shao 等[111]发现寻找具有充分学习的特征提取器比复杂元学习算法更有效。他们没有在训练过程中提取元任务训练模型，而是使用了传统的分类训练方法，在元测试阶段，去除神经网络的 softmax 层作为特征提取器，然后使用简单的线性分类，以获得优异的分类性能。在所提出的方法中，使用这种简单而有效的训练方法来训练特征提取器。与元学习训练方法相比，该方法训练的模型更具鲁棒性，更适合于迁移学习。同时，为了进一步提高特征提取器的性能，它使用了标准的分类交叉熵损失，并附加了自监督损失，从而提高了特征提取器的性能。

第二个挑战是如何在元测试阶段使用有限数量的样本（通常是 1 个或 5 个）来设计一个更具鲁棒性的分类器。在遥感场景分类任务中，以前的大多数工作都试图通过预先训练好的模型来完成这些任务。Hu 等[112]采用迁移学习方法，将 ImageNet 数据集的预训练模型应用于高分辨率遥感图像的遥感场景分类，取得了优异的性能。Cheng 等[113]利用遥感数据集对预训练后的网络进行微调，使预训练后的网络更能满足遥感分类任务的适应性。在最新的研究中，程红芳等[25]提出的方法是利用很多现有的 CNN 模型，在训练阶段交换一个新的判别目标函数优化模型，并且最小化分类误差而实施度量学习正则化，达到了当前的最佳性能。

然而，这些方法并不能很好地应用于小样本遥感场景分类。一方面，在元测试阶段，每个类别通常只有 1 个或 5 个训练样本，微调方法将会导致过度拟合以及性能的进一步下降。另一方面，由于小样本图像分类数据集和现有的远程遥感数据集之间过度的域偏移，在小样本数据集上的预训练模型不能适应远程遥感数据，称为“负迁移”问题，这将严重影响分类性能。

字典学习[114]是一种矩阵分解方法，旨在发现隐藏在数据矩阵中的特征模式（例如稀疏、非负、非线性）。近年来，大量研究表明，字典学习在提高基于表示的分类性能方面具有积极作用。传统的字典学习往往是通过在投影系数上添加 l_1 范数正则化来学习的（例如稀疏表示）。l_1 范数正则化可以改善表示信息，但会增加重构误差。如何在减少重构误差和增强表示信息之间取得平衡，是一个具有挑战性的任务。

基于字典学习的视觉分类任务一般分为两类：共享类字典学习和特定类字典学习。基于共享类字典学习的分类方法为所有类学习一个共享字典，基于特定类字典学习的分类方法为每个类学习一个字典。

基于共享类字典学习的分类方法将所有类的训练样本映射到同一子空间。Jiang 等[115]提出了 LC-KSVD 算法，将判别稀疏编码误差、特征重构误差和标签重构误差结合起来，得到字典和分类平面。然而，作者使用 l_0 范数正则化项作为稀疏约束，由于 l_0 范数正则化的目标函数是一个非凸问题，因此只能找到次优稀疏解。Shao 等[116]提出了标签嵌入的字典学习方法，用 l_1 范数正则化项代替 l_0 范数正则化项。在鲁棒灵活判别字典学习算法

(RFDDL)[117]中,灵活地利用标签来增强对判别的鲁棒性,实现编码的局部性、重构误差的最小化和标签编码的一致性。而联合鲁棒因式分解和投影字典学习(J-RFDL)[118]在因式分解的压缩空间中发现了混合显著的低阶稀疏表示,并利用它来改善数据表示。上述基于共享类学习的字典更新方法在分类任务中取得了较好的性能,然而,它不能准确地描述每个特定类别中的样本,因此难以发现同一类别样本间更细节的特征信息。

本章主要工作:首先,联合自监督学习对特征提取器进行训练,这里的特征提取器移除了神经网络的 softmax 层;然后,通过共享类字典学习将新数据的特征映射到一个更具鉴别能力的共享子空间中并对特征进行重构;最后,根据重构特征实现遥感图像的分类。本章在两个常用的遥感场景分类数据集以及构建的数据集 RSSC12(详见下节介绍)上对所提方法进行了验证,实验结果表明,本章方法可以有效地提高特征的判别能力。

2.2　基于共享类字典学习的小样本遥感图像分类理论

本节将介绍一些小样本分类的初步措施,小样本分类一般分为两个阶段,包括预训练阶段和元测试阶段。

(1) 将训练前阶段的基础数据定义为 $D_{\text{base}}=\{(x_i,y_i)\}_{i=1}^{N}$,其中 x_i 是第 i 个样本,y_i 表示相应的标签,N 表示基础数据的数量。在基础数据上预训练了一个嵌入模型,该模型在整个训练集上进行训练,然后去除最后一个完全连接的层,并将特征提取器应用到下一阶段。

(2) 在元测试阶段,作为小样本学习,新数据 D_{novel} 以元任务的形式被输入模型。一个元任务包含支持集 $S=\{(x_i,y_i)\mid i=1,$

$2,\cdots,C\times N_s\}$和查询集 $Q=\{(x_i)\mid i=1,2,\cdots,C\times N_q\}$。这里,$C$ 表示类数,N_q,N_s 表示每个类的样本数。支持集和查询集共享相同的类,但示例却有所不同,更重要的是,D_{novel} 和 D_{base} 的类别是不同的。

2.2.1 自监督训练阶段

在训练前阶段,采用了两种自监督机制来训练特征提取器。使用 Resnet-12 作为主干网络对数据集中的所有类别数据提取特征,Resnet-12 由 4 个残差块层和防止过拟合(dropout)层、5×5 平均池化层和全连接(FC)层组成,每个残块包含 3 个卷积层、批归一化(BN)层、激活函数(LeakyReLU)层、2×2 最大池化(max-pooling)层,在训练前将所有数据的大小调整为 84×84。图 2-1 为小样本遥感场景分类的联合自监督学习框架。

设计了一个基于镜像的特征提取器,定义为 $f_{MFE}(\cdot)$。假设存在 m 个类,并且 $m=\{$水平,垂直,对角线$\}$。损失函数 L_{MFE} 由分类损失 L_c 和辅助镜像损失 L_m 两部分构成,即:

$$L_{MFE}=L_c+L_m \tag{2-1}$$

L_c 可表述为:

$$L_c=-\sum_c y(c,x)\log p(c,x) \tag{2-2}$$

其中,c 表示第 c 类,$y(c,x)$表示真值标签,$p(c,x)$表示第 x 个样本的预测标签属于第 c 类的概率。然后将每个样本翻转到 $m=\{$水平,垂直,对角线$\}$和由不同角度旋转的样本的标签。L_m 可表述为:

$$L_m=-\sum_m y(m,x)\log p(m,x) \tag{2-3}$$

其中,$y(m,x)$表示真值标签,$p(m,x)$表示第 x 个样本的预测标签属于第 m 类的概率。

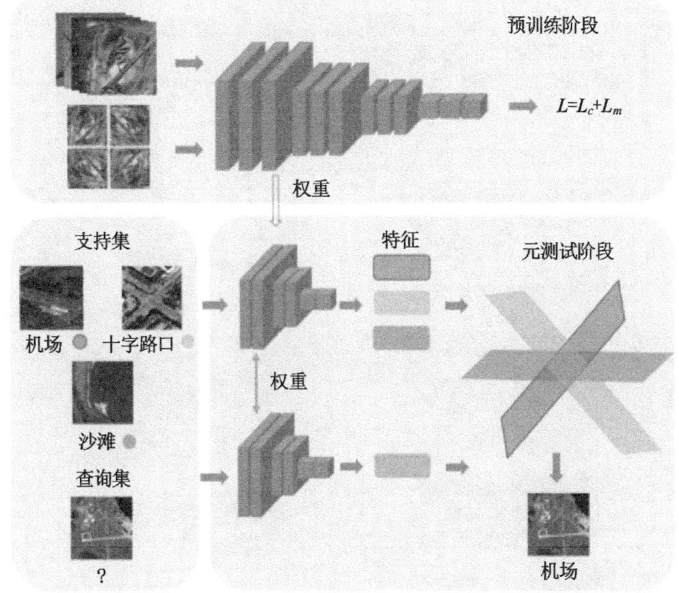

图 2-1　小样本遥感场景分类的联合自监督学习框架

在元测试阶段，去除预先训练好的特征提取器的 FC 层，最终得到一个 512 维的嵌入特征作为分类器的输入。图 2-2 为自监督辅助损失示意图。

2.2.2　共享类字典分类器

针对小样本遥感图像分类中的类间“负迁移”问题，本章提出利用共享类字典学习将样本投影到子空间中，该方法不仅可以获得更具区分性的重构特征，而且更适用于小样本遥感图像分类。其目标函数定义如下：

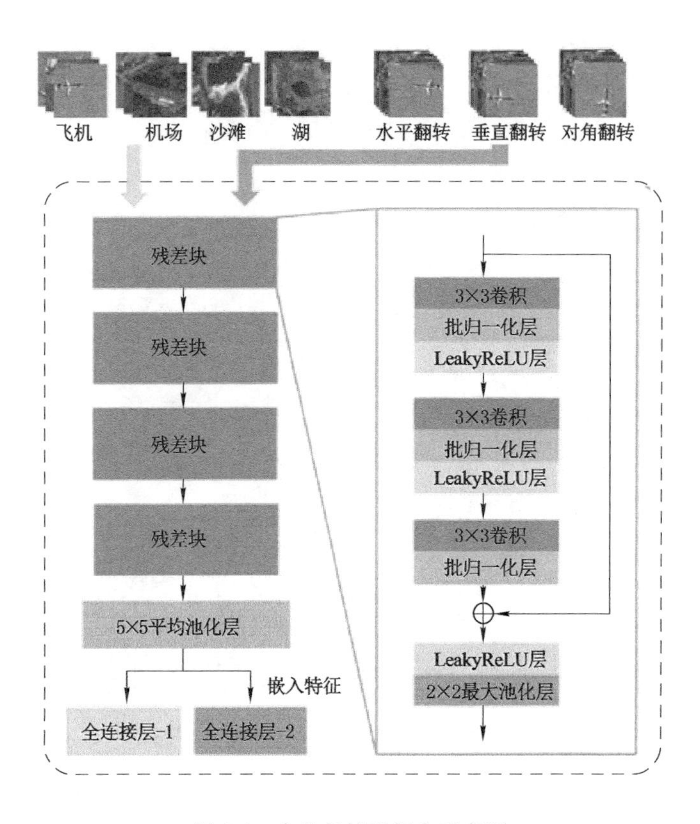

图 2-2　自监督辅助损失示意图

$$\arg\min_{\boldsymbol{A},\boldsymbol{B},\boldsymbol{W}} \|\boldsymbol{X}-\boldsymbol{XBA}^{\mathrm{T}}\|_F^2+\lambda_0\|\boldsymbol{B}\|_F^2+\lambda_1\sum_{j=1}^{K}\|\boldsymbol{B}_{.j}\|_1+\eta\|\boldsymbol{Y}-\boldsymbol{XBW}\|_F^2$$

$$\text{s.t.}\quad \|\boldsymbol{A}_{.k}\|_2\leqslant 1,\ \|\boldsymbol{W}_{k.}\|_2\leqslant 1 \tag{2-4}$$

这里，假设 $\boldsymbol{X}\in\mathbb{R}^{N\times D}$，$\boldsymbol{A}\in\mathbb{R}^{D\times K}$ 和 $\boldsymbol{B}\in\mathbb{R}^{D\times K}$ 分别表示从新数据，合成字典（$\boldsymbol{A}$）和分析字典（$\boldsymbol{B}$，稀疏）中提取的特征，N 表示特征的数量，D 表示特征的维数，K 表示字典的大小，$\boldsymbol{Y}\in\mathbb{R}^{N\times C}$ 表示

标签矩阵，$\boldsymbol{W}\in\mathbb{R}^{K\times C}$表示分类平面，其中 C 是样本 $\boldsymbol{X}$ 的类别数，λ 和 η 均表示常数。

用 Frobenius 范数的随机矩阵初始化合成字典 $\boldsymbol{A}$ 和分析字典 $\boldsymbol{B}$，式(2-4)可通过以下三个步骤求解：

(1) 固定 $\boldsymbol{A}$ 和 $\boldsymbol{B}$，更新 $\boldsymbol{W}$。目标函数如下：

$$f(\boldsymbol{W}) = \arg\min_{\boldsymbol{A},\boldsymbol{B},\boldsymbol{W}} \|\boldsymbol{Y}-\boldsymbol{XBW}\|_F^2 \quad \text{s.t. } \|\boldsymbol{W}_{k.}\|_2 \leqslant 1 \tag{2-5}$$

设置 $\boldsymbol{S}=\boldsymbol{XB}$，$\boldsymbol{D}=\boldsymbol{S}^{\mathrm{T}}\boldsymbol{S}$，其中 $\boldsymbol{S}\in\mathbb{R}^{N\times K}$，$\boldsymbol{D}\in\mathbb{R}^{K\times K}$。然后得到式(2-6)中的 $\boldsymbol{W}$。

$$\boldsymbol{W}_{k.} = \frac{(\boldsymbol{S}^{\mathrm{T}}\boldsymbol{Y})_{k.} - (\widetilde{\boldsymbol{D}}_{k.})\boldsymbol{W}}{\|(\boldsymbol{S}^{\mathrm{T}}\boldsymbol{Y})_{k.} - (\widetilde{\boldsymbol{D}}_{k.})\boldsymbol{W}\|_2} \tag{2-6}$$

其中，$\widetilde{\boldsymbol{D}}$ 是对角线元素设置为 0 的 $\boldsymbol{D}$。

(2) 固定 $\boldsymbol{W}$ 和 $\boldsymbol{B}$，更新 $\boldsymbol{A}$。目标函数如下：

$$f(\boldsymbol{A}) = \arg\min_{\boldsymbol{A},\boldsymbol{B},\boldsymbol{W}} \|\boldsymbol{X}-\boldsymbol{XBA}^{\mathrm{T}}\|_F^2 \quad \text{s.t. } \|\boldsymbol{A}_{.k}\|_2 \leqslant 1 \tag{2-7}$$

类似于求解 $\boldsymbol{W}$ 的方法，得到合成字典 $\boldsymbol{A}$，如式(2-8)所示。

$$\boldsymbol{A}_{.k} = \frac{(\boldsymbol{X}^{\mathrm{T}}\boldsymbol{S})_{.k} - \boldsymbol{A}(\widetilde{\boldsymbol{D}}_{.k})}{\|(\boldsymbol{X}^{\mathrm{T}}\boldsymbol{S})_{.k} - \boldsymbol{A}(\widetilde{\boldsymbol{D}}_{.k})\|_2} \tag{2-8}$$

(3) 固定 $\boldsymbol{W}$ 和 $\boldsymbol{A}$，更新 $\boldsymbol{B}$，目标函数如下：

$$f(\boldsymbol{B}) = \mathrm{tr}[\boldsymbol{B}^{\mathrm{T}}(\boldsymbol{X}^{\mathrm{T}}\boldsymbol{X}+\lambda_0\boldsymbol{I})\boldsymbol{B}+\eta\boldsymbol{WW}^{\mathrm{T}}\boldsymbol{B}^{\mathrm{T}}\boldsymbol{X}^{\mathrm{T}}\boldsymbol{XB}] - 2\mathrm{tr}(\boldsymbol{X}^{\mathrm{T}}\boldsymbol{XBA}^{\mathrm{T}}+\eta\boldsymbol{Y}^{\mathrm{T}}\boldsymbol{XBW}) + \lambda_1\sum_{j=1}^{K}\|\boldsymbol{B}_{.j}\|_1 \tag{2-9}$$

定义 $g(\boldsymbol{B})=\mathrm{tr}[\cdot]-2\mathrm{tr}(\cdot)$。目标函数可以重写如下：

$$f(\boldsymbol{B}) = g(\boldsymbol{B}) + \lambda_1\sum_{j=1}^{K}\|\boldsymbol{B}_{.j}\|_1 \tag{2-10}$$

然后利用 ADMM 算法求解该问题，最优 $\boldsymbol{B}$ 可表示为：

$$\boldsymbol{B}_{.k}=\boldsymbol{G}^{-1}\left[\boldsymbol{X}^{\mathrm{T}}\boldsymbol{X}\boldsymbol{A}_{.k}+\eta\boldsymbol{X}^{\mathrm{T}}\boldsymbol{Y}\boldsymbol{W}_{.k}^{\mathrm{T}}+\rho\boldsymbol{z}-\frac{\boldsymbol{\xi}}{2}-\boldsymbol{X}^{\mathrm{T}}\boldsymbol{X}\boldsymbol{B}(\eta\widetilde{\boldsymbol{E}}_{.k}+\widetilde{\boldsymbol{F}}_{.k})\right] \tag{2-11}$$

其中$\boldsymbol{G}=\eta\boldsymbol{X}^{\mathrm{T}}\boldsymbol{X}\left[\sum_{j=1}^{k}(\boldsymbol{W}\boldsymbol{W}^{\mathrm{T}})_{kk}\right]+\boldsymbol{X}^{\mathrm{T}}\boldsymbol{X}+(\lambda_0+\rho)\boldsymbol{I}$，$\boldsymbol{E}=\boldsymbol{W}\boldsymbol{W}^{\mathrm{T}}$，$\boldsymbol{F}=\boldsymbol{A}^{\mathrm{T}}\boldsymbol{A}$，$\widetilde{\boldsymbol{E}}$是对角线元素设置为0的$\boldsymbol{E}$，$\widetilde{\boldsymbol{F}}$是对角线元素设置为0的$\boldsymbol{F}$。

固定$\boldsymbol{B}_{.k}$和$\boldsymbol{\xi}$，更新$\boldsymbol{z}$：

$$\boldsymbol{z}=\max\left\{\boldsymbol{B}_{.k}+\frac{1}{2\rho}(\boldsymbol{\xi}\cdot\lambda_1),0\right\}+\min\left\{\boldsymbol{B}_{.k}+\frac{1}{2\rho}(\boldsymbol{\xi}+\lambda_1),0\right\} \tag{2-12}$$

固定$\boldsymbol{B}_{.k}$和$\boldsymbol{z}$，更新$\boldsymbol{\xi}$：

$$\boldsymbol{\xi}=\boldsymbol{\xi}+\rho(\boldsymbol{B}_{.k}-\boldsymbol{z}) \tag{2-13}$$

2.2.3 标签预测

给出一个查询图像$\boldsymbol{x}_{\mathrm{q}}$，提取了它的特征嵌入$F(\boldsymbol{x}_{\mathrm{q}})$。预测的标签由式(2-14)得到：

$$\mathrm{category}(\boldsymbol{x}_{\mathrm{q}})=\max\{\boldsymbol{x}_{\mathrm{q}}\boldsymbol{B}\boldsymbol{W}\} \tag{2-14}$$

2.3 实验结果与分析

2.3.1 数据集

CSHDPL 方法在小样本学习数据集 tiered-ImageNet 上训练特征提取模型。tiered-ImageNet 数据集是 ImageNet 的子数据，包含 608 个类别，平均每一类包含 1 281 张图像，所有的图像的大小都被裁剪成 84×84 像素，按照标准划分，选择 351 类作为基数据集，97 类作为验证数据集（本书没有用到），160 类作为新数据集。训练特征提取器后在两个公开小样本遥感场景分类数据集 NWPU-RESISC45[119] 和 RSD46-WHU[120] 以及自行构建的数据集 RSSC12 上对所提方法进行了评估。

NWPU-RESISC45 数据集共有 31 500 张图像，分为 45 类场景，每类场景有 700 张 256×256 像素的图像。在实验时，将其分为 3 个部分，即 25 个元训练类、8 个元验证类和 12 个元测试类，部分图像如图 2-3(a)所示。

RSD46-WHU 是一个开放的遥感场景分类数据集，该数据集包含 11.7 万张图片，46 个类，每个类有 500～3 000 张图片。同样地，实验中将其分为 3 个部分，即 26 个元训练类、8 个元验证类和 12 个元测试类，部分图像如图 2-3(b)所示。

另外，选取山东省国土局 2014 年 5 月生产的航摄比例尺为 1∶12 000、分辨率为 0.08 m 的博兴区域的数字正射影像图和滨州市北区 2014 年 1∶2 000 地形图航空摄影、分辨率为 0.16 m 的航摄项目遥感图像构建遥感数据集 RSSC12，部分图像示例如图 2-4 所示。

RSSC12 数据集由两部分图像构成，第一部分为山东省国土局 2014 年 5 月生产的航摄比例尺为 1∶12 000、分辨率为 0.08 m 的部分区域的数字正射影像图，原始区域图像大小为宽 6 935 像素、高6 935 像素，且为符合国家测绘标准的实际遥感测绘图像。具体为：① 坐标系统。采用国家 2 000 大地坐标系(CGCS2000)。② 高程系统。采用“1985 国家高程基准”。③ 比例尺。综合考虑测区的基础资料、土地价值、开发利用程度、土地规划、地块基本条件、土地流转和规模经营的长远需要等方面的情况，博兴县农村土地承包经营权的调查比例尺定为 1∶2 000。④ 地图投影。采用高斯-克吕格投影、标准的 3°分带平面直角坐标系统，中央子午线 117°00′。

第二部分为 2014 年滨州市北区航摄项目的遥感图像。其技

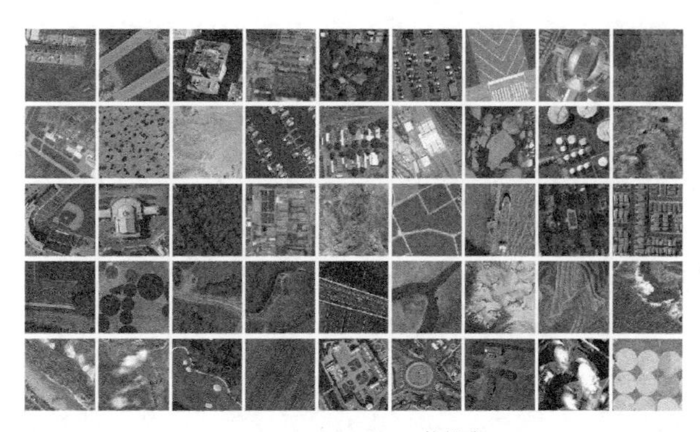

(a) NWPU-RESISC45数据集

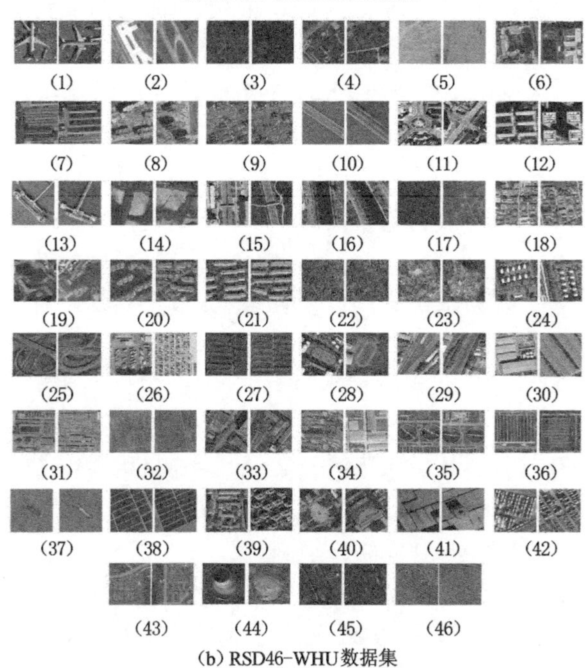

(b) RSD46-WHU数据集

图 2-3 来自不同数据集的样本

图 2-4　RSSC12 数据集部分图像示例

术依据、质量标准如下：①《航空摄影技术设计规范》(GB/T 19294—2003)；②《国家基础数字航空摄影产品检查验收和质量评定细则》(面阵式航空摄影部分)；③《IMU/GPS 辅助航空摄影技术规范》(GB/T 27919—2011)；④《数字航空摄影规范 第1部分：框幅式数字航空摄影》(GB/T 27920.1—2011)。航高差：同一航线上相邻相片的航高差不大于 30 m；最大航高与最小航高之差不大于 50 m。航向重叠不小于 60%，旁向重叠不小于 25%。航线弯曲度一般不大于 1%，相片倾斜角一般不大于 4%。摄区地面分辨率为 16 cm，满足 1∶2 000 成图比例尺精度要求。摄影设备采用新一代超大幅面、超高集成度的数码航摄仪 UltraCam EAGLE。

整个数据集共划分为 12 个类别，共 6 826 张图像，其中农田类含有 1 571 张图像，河流类含有 582 张图像，房屋类含有 1 229 张图像，还含有 884 张道路图像、298 张池塘图像、507 张树木图像、203 张大棚图像、78 张车图像、163 张山地图像、22 张体育场图像、1 045 张未耕种农田图像、244 张海岸线区域图像，各类图像示例如图 2-4 所示。数据集中样本由真实遥感图像切割而来，由于原始遥感图像为多个地区图像，所以同类中的样本之间风格并不是一成不变的，而实际情况中，不同地区、不同时间获取的遥感图像风格差异也是巨大的，在处理过程中也不可能再进行风格统一变换，所以此数据集的样本风格设置更加符合实际。数据集中如池塘、河流等大型目标样本，采取聚焦切割的方法进行裁剪，即将过大目标进行切割，保留显著性高的图像块作为样本，划分过程中不进行额外的缩放操作，以保持整个数据集的比例尺不变。最终数据样本图像宽度为 84 像素、高度为 84 像素，在保留样本主要特征，保证样本可识别性、可区分性的同时，压缩了整个数据集的大小。

NWPU-RESISC45 数据集、RSD46-WHU 数据集和 RSSC12 数据集的具体划分如表 2-1 所示。

表 2-1　遥感场景分类数据集的元验证、元测试的划分

数据集	全部类	元验证	元测试
NWPU-RESISC45	45	8	12
RSD46-WHU	46	8	12
RSSC12	12	—	12

2.3.2　实验设置

在元训练阶段和元测试阶段，均采用 ResNet-12 作为骨干网络，其中 ResNet-12 由 4 个残差块（3 个卷积层、BN 层、LeakyReLU 层、2×2 max-pooling 层和 dropout 层）、5×5 平均池化层和 FC 层组成，特征提取器在由 4 个 Tesla-V100GPU 组成，内存为 32 GB 的内存环境上运行。书中采用动量为 0.9 的随机梯度下降(SGD)优化器，优化器的权值衰减因子大小设置为 1×10^{-4}，学习速率初始化为 0.1，然后在 30 次、60 次和 90 次迭代后分别下降为 0.01、0.001 和 0.000 1。此外，实验中还采用了数据增强方法，如水平翻转、随机裁剪和颜色抖动。对于公式中的正则化参数 λ_0，λ_1 和 η，在实验过程中，经验证后，分别设置为 0.003，0.8 和 0.2，此时效果最佳。

在元测试阶段，本章去掉了 FC 层。此时，特征提取器将为每幅遥感图像输出一个 512 维的特征向量。实验评估了本章方法 N-way K-shot 情况下的性能，其中，子任务数为 600，查询样本数为 15，$N=5$，$K=1$ 或 5。

2.3.3　与主流方法对比

本部分将提出的 CSHDPL 方法与之前的工作[79,88,118,120-127] 进行了比较，实验结果如表 2-2～表 2-4 所示。表 2-2～表 2-4 分别展示了 NWPU-RESISC45、RSD46-WHU 和 RSSC12 数据集上的小样本分类准确率(置信区间为 95%)。

表 2-2 NWPU-RESISC45 数据集上的小样本分类准确率

单位:%

方法	网络	5-way 1-shot	5-way 5-shot
MatchingNet[118]	Conv-5	37.61	47.10
Meta-SGD[127]	Conv-5	60.63±0.90	75.75±0.65
DLA-MatchNet[108]	Conv-5	68.80±0.70	81.63±0.46
MAML[79]	Resnet-12	56.01±0.87	72.94±0.63
ProtoNet[121]	Resnet-12	62.78±0.85	80.19±0.52
RelationNet[101]	Resnet-12	55.84±0.88	75.78±0.57
TADAM[122]	Resnet-12	62.25±0.79	82.36±0.54
MetaOptNet[88]	Resnet-12	62.72±0.64	80.41±0.41
DSN-MR[123]	Resnet-12	66.93±0.51	81.67±0.49
D-CNN[85]	Resnet-12	36.00±6.31	53.60±5.34
TPN[87]	Resnet-12	66.51±0.87	78.50±0.56
TAE-Net[125]	Resnet-12	69.13±0.83	82.37±0.52
FEAT[126]	Resnet-12	68.27±0.19	83.51±0.11
Meta-Learning[120]	Resnet-12	69.46±0.22	84.66±0.12
CSHDPL	Resnet-12	71.28±0.72	85.66±0.47

表 2-3　RSD46-WHU 数据集上的小样本分类准确率　单位：%

方法	网络	5-way 1-shot	5-way 5-shot
MAML[79]	Conv-4	52.57±0.89	71.95±0.71
ProtoNet[121]	Conv-4	52.73±0.91	69.78±0.73
RelationNet[101]	Conv-4	55.18±0.90	68.86±0.71
MAML[79]	Resnet-12	54.36±1.04	69.28±0.81
ProtoNet[121]	Resnet-12	60.53±0.99	77.53±0.73
RelationNet[101]	Resnet-12	53.73±0.95	69.98±0.74
TADAM[122]	Resnet-12	65.84±0.67	82.79±0.54
MetaOptNet[88]	Resnet-12	62.05±0.76	82.60±0.46
DSN-MR[123]	Resnet-12	66.53±0.70	82.74±0.54
D-CNN[85]	Resnet-12	30.93±7.49	58.93±6.14
Meta-Learning[120]	Resnet-12	69.08±0.25	84.10±0.15
CSHDPL	Resnet-12	70.63±0.89	84.80±0.48

表 2-4　RSSC12 数据集上的小样本分类准确率　单位：%

方法	网络	5-way 1-shot	5-way 5-shot
ProtoNet[121]	Resnet-12	64.93±0.91	84.35±0.70
MetaOptNet[88]	Resnet-12	64.81±0.91	85.98±0.68
ICI[88]	Resnet-12	66.79±0.87	86.35±0.65
Meta-Learning[120]	Resnet-12	67.89±0.86	85.14±0.66
CSHDPL	Resnet-12	68.24±0.85	86.81±0.65

从表中可以看出，该方法在 5-way 1-shot 和 5-way 5-shot 的情况下均取得了显著的改进。在 5-way 1-shot 的情况下，该方法在 NWPU-RESISC45 数据集、RSD46-WHU 数据集和 RSSC12 数据集上的小样本分类准确率分别达到了 71.28%、70.63%和 68.24%。在 5-way 5-shot 情况下，该方法在 NWPU-RESISC45 数据集上达到了85.66%的准确率，在 RSD46-WHU 数据集上达到了 84.80%的准确率，在 RSSC12 数据集上达到了 86.81%的数据集。在 NWPU-RESISC45 数据集上，1-shot 和 5-shot 情况下的 CSHDPL 方法分别至少超过其他方法 1.82%和 1.00%，在 RSD46-WHU 数据集上，5-way 1-shot 和 5-way 5-shot 情况下的 CSHDPL 方法分别至少超过其他方法 1.55%和 0.70%，在 RSSC12 数据集上，5-way 1-shot 和 5-way 5-shot 情况下的 CSHDPL 方法分别至少超过其他方法 0.35%和 0.46%。

目前，大多数少镜头遥感分类(few-shot remote sensing classification，FSRSC)方法主要侧重于元测试阶段的鲁棒分类器设计，如 MatchingNet、DLA-MatchNet、ProtoNet、RelationNet、MetaOptNet、TPN、DSN-MR 等。本章所提的 CSHDPL 目标是在预训练阶段用有限数量的样本训练一个具有强大表示能力的特征提取器，然后采用 CSHDPL 方法来完成分类任务，从而达到最佳的分类性能。

此外，本章可视化了在 RSSC12 数据集上的分类结果，以图 2-5 为例，图像大小为 6 912×6 912 像素，按照 256×256 像素大小划分为图像块，验证分类的准确性。图 2-5 的分类准确率为 89.44%，当图像块中同时包含河流与农田、房屋与树木、农田与树木时，容易对模型造成干扰，导致分类错误。

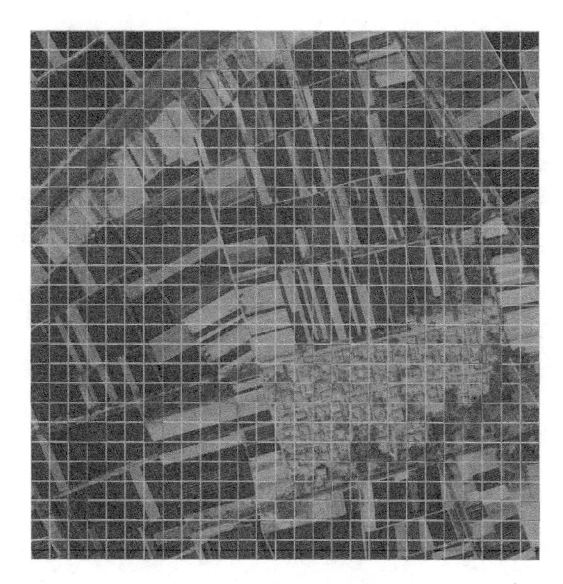

图 2-5 CSHDPL 方法在 RSSC12 数据集上分类结果可视化

2.3.4 消融实验

2.3.4.1 自我监督机制分析

在预训练阶段，本章使用了自监督机制来训练特征提取器。实验中对样本进行滤波变换并使用联合损失函数进行训练[128-131]。表 2-5 比较了基线方法(baseline)和自监督机制方法(baseline + ssm)在遥感数据集 NWPU-RESISC45 和 RSD46-WHU 上的性能。所有的实验都在相同的设置下进行。从表 2-5 中可以看出，两个数据集上采用自监督机制的结果要优于基线方法。具体地，对于 5-way 1-shot 和 5-way 5-shot 情况，在 NWPU-RESISC45 数据集中，自监督训练方法要比基线方法提高了 5.23%

和 3.11%;在 RSD46-WHU 数据集中,自监督训练方法的性能分别提高了 2.79%和 1.97%。实验充分说明了自监督训练方法的优越性。

表 2-5 自监督训练机制对实验结果的影响 单位:%

数据集	方法	5-way 1-shot	5-way 5-shot
NWPU-RESISC45	baseline	66.05±0.79	82.55±0.49
	baseline+ssm	71.28±0.72	85.66±0.47
RSD46-WHU	baseline	67.84±0.94	82.83±0.51
	baseline+ssm	70.63±0.89	84.80±0.48

2.3.4.2 重构特征的影响

图 2-6 展示了 NWPU-RESISC45 数据集上新数据特征 $\boldsymbol{X}$ 和重构特征 $\boldsymbol{XB}$ 的 t 分布式随机邻居嵌入(t-SNE)可视化结果。从图 2-6(a)中可以看出,新数据的不同类别特征分布是重叠的。相比之下,图 2-6(b)所展示的重构特征在相同类别特征之间的距离更近,在不同类别特征之间的距离更大,具有更好的判别性,更有利于图像分类。另外,本章还将提出的方法与支持向量机进行比较,比较结果如图 2-7 所示。

图 2-7 展示了基于字典的重构特征与支持向量机(SVM)分类器在两个遥感数据集 NWPU-RESISC45 和 RSD46-WHU 上的比较结果。结果表明,本章方法在 5-way 1-shot 和 5-way 5-shot 情况下都比 SVM 的分类性能好。这一结果证明了基于特征重构的字典学习有效地解决了类间"负迁移"问题。

2.3.4.3 参数调整的影响

图 2-8~图 2-10 分别展示了正则化参数 λ_0,λ_1 和 η 取不同值

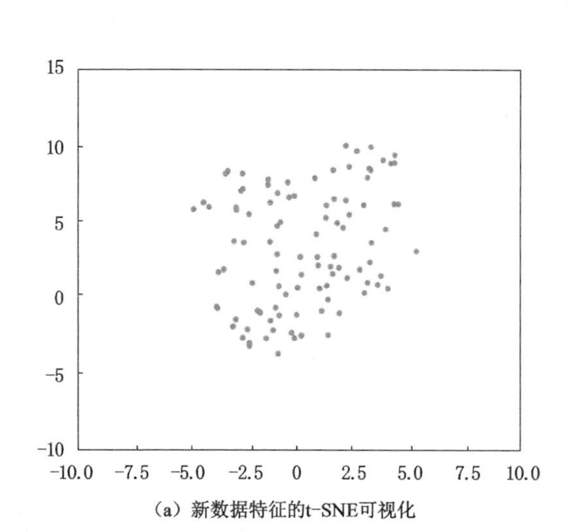

(a) 新数据特征的t-SNE可视化

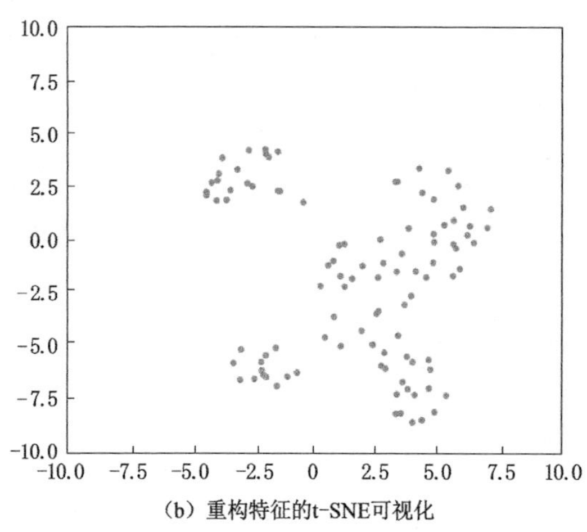

(b) 重构特征的t-SNE可视化

图 2-6　数据集 NWPU-RESISC45 上的 t-SNE 可视化

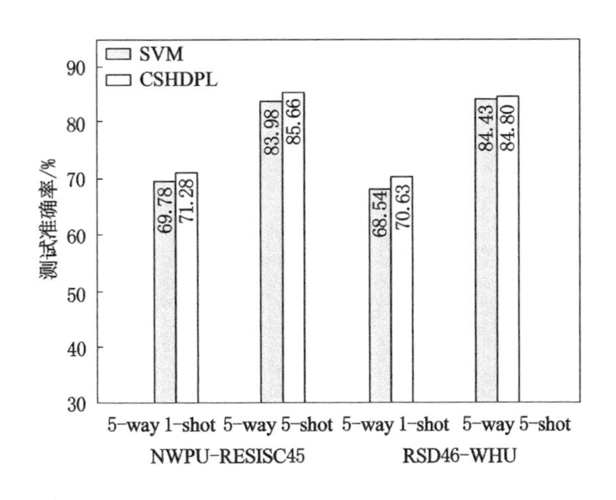

图 2-7 NWPU-RESISC45 和 RSD46-WHU 数据集比较结果

对分类准确率的影响。经验证发现，λ_0，λ_1 和 η 分别设置为 0.003，0.7 和 0.2 时效果最佳。

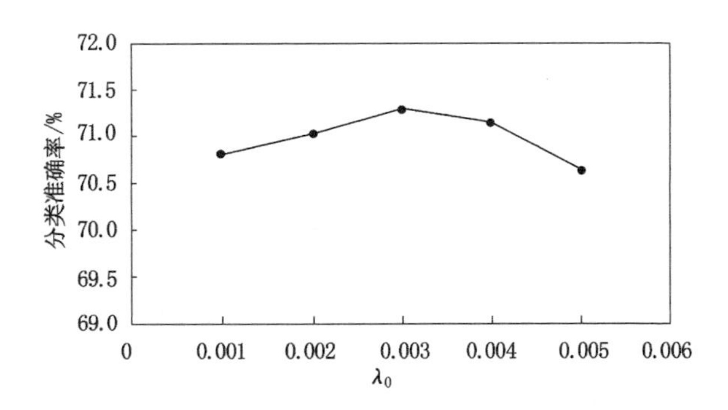

图 2-8 λ_0 取不同值时 NWPU-RESISC45 数据集在 1-shot 设置下的分类准确率变化曲线

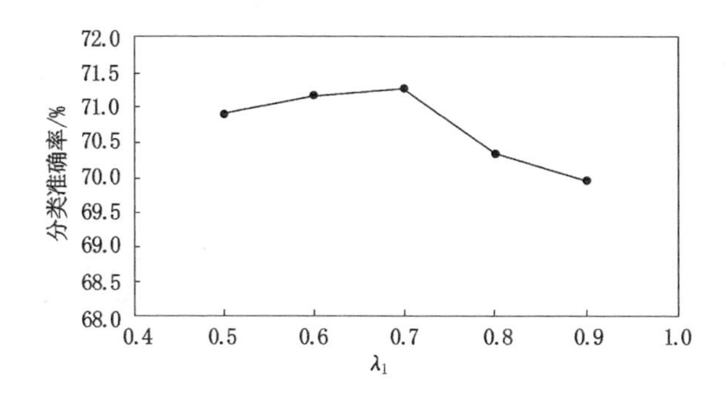

图 2-9　λ_1 取不同值时 NWPU-RESISC45 数据集在 1-shot 设置下的分类准确率变化曲线

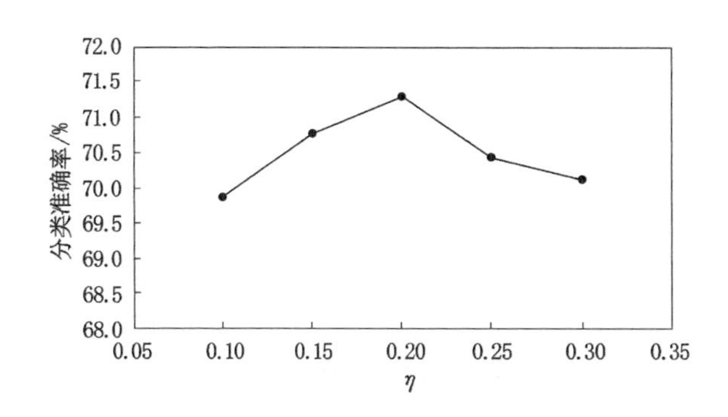

图 2-10　η 取不同值时 NWPU-RESISC45 数据集在 1-shot 设置下的分类准确率变化曲线

2.4　本章小结

近年来,小样本遥感场景分类吸引了科研人员的关注,解决了目前可用训练数据不足的问题。本章分析了近年来小样本遥感场景分类方法,发现存在两个问题:一是不合适的神经网络模型容易导致训练的过拟合现象或无法提取样本的深度表示特征；二是由于训练前训练的数据与遥感数据之间的巨大差异，使得预先训练好的模型存在类间“负迁移”问题。

对此，本章提出了一种基于共享类字典学习的小样本遥感图像分类方法，该方法通过联合自监督学习来训练一个更具鲁棒性的特征提取器，并使用共享类字典学习完成分类器的设计。先在两个常用的遥感场景分类数据集 NWPU-RESISC45 和 RSD46-WHU 上对所提方法进行了公有数据集实验验证，然后在自行构建数据集 RSSC12 中进行实景测试。结果表明，本章所提方法不仅可以有效地提高特征的判别能力，而且实景测试效果良好，识别率优于公有数据集。

第 3 章　基于共享类稀疏 PCA 的小样本遥感图像分类

3.1　引言

鉴于共享类字典学习的小样本分类方法缺少直观物理意义的问题，为了进一步提高遥感图像分类识别率，本章尝试通过正交基的线性组合得到特征的投影，提出了一种基于共享类稀疏主成分分析方法(CSHSPCA)的新型小样本遥感图像分类方法。利用稀疏 PCA 算法的优点，重点改进了新数据特征的识别，并提出使用子空间方法对特征进行训练和重构。首先，将新数据的特征映射到一个更有鉴别性的子空间中，并重构特征以获得更有判别力的特征。然后，采用重建后的特征来完成分类任务。

PCA[132]作为特征提取中必不可少的工具，广泛应用于小样本分类领域。其目的是找到一组正交基向量，在该集合下最大限度地保持观测值的方差。最引人注目的是稀疏 PCA[133-134]。稀疏 PCA 通过在输入变量中引入稀疏结构扩展了 PCA 的降维功能[135]。Chaib 等[136]采用稀疏 PCA 从视觉字典中为每个类别学习一组信息特征，然后用学习的稀疏特征来表示非常高分辨率的卫星(VHR)图像场景。Yousefi 等[137]将低阶稀疏 PCA 用于矿物自动识别系统中提取光谱参考作为特征。为了有效地保持数据的局部关系并消除 PCA 方法中孤立点的负面影响，Zhou 等[138]提出了一种改进的稀疏 PCA 方法——鲁棒稀疏 PCA。Feng 等[139]提出了一种有监督的判别稀疏 PCA(SDSPCA)方法来研究疾病的发病机制，该方法将判别信息融入稀疏 PCA 模型中。Sun 等[140]提出了一种横向切片稀疏张量鲁棒主成分分析(LSSTRPCA)方法，假设粗差或离群值稀疏地散布在张量的二维空间(即横向切片)中，通过去除高光谱图像中的粗大误差或离群点来提高分类性能。

本章的主要工作如下：

(1) 使用自监督学习辅助特征提取器训练，因为小样本的遥感场景数据不太可能产生过拟合模型问题，通过构建自监督的辅助数据和标签，有效地提高了模型的分类性能。

(2) 将子空间学习方法引入小样本遥感场景分类任务的框架中，并提出一种基于共享类稀疏 PCA 方法的新型小样本遥感图像分类方法(CSHSPCA)，将新数据特征映射到判别子空间中，获得更具鉴别性的重构特征。进一步的实验表明，所提出的方法可以有效地解决类间“负迁移”问题，提高分类性能。

(3) 分别在两个公有小样本遥感场景数据集以及自行构建的数据集进行了具体测试，证明了所提方法的有效性、合理性与实用性。

3.2 用于小样本遥感场景分类的共享类稀疏 PCA

3.2.1 方法框架概述

这项工作应用共享类稀疏 PCA 于小样本遥感场景分类，称为 CSHSPCA，图 3-1 为该方法的框架。具体来说，与文献[89]中特征提取器的训练方法不同，本章没有使用元学习方法来训练特征提取器，相反，遵循训练特征提取器[89]，它比复杂的元学习算法更有效。与一般的小样本图像分类任务相比，小样本遥感场景分类任务的数据量更少，当训练卷积神经网络时，网络很容易被欠拟合，导致泛化能力下降，影响最终的分类效果。因此，可在训练前阶段引入自监督学习，通过构建更多的自监督数据来提高特征提取器的泛化能力。

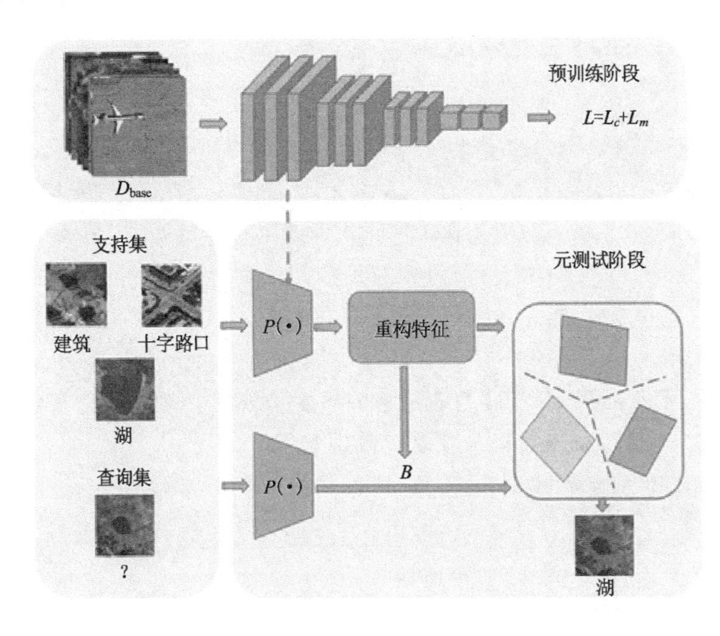

图 3-1　CSHSPCA 方法框架

与此同时，新的问题不可避免地产生了，由于预训练模型使用的样本类别与遥感图像不同，对预训练阶段训练的特征提取器适应新数据具有挑战性，存在类间“负迁移”的问题。为缓解这个问题，本章提出使用共享类稀疏 PCA 使新类数据嵌入特征更具鉴别性，从而减轻类间“负迁移”问题。

3.2.2 共享类稀疏 PCA 分类器

为了解决小样本遥感场景分类中的类间“负迁移”问题，本章提出了一种新的方法，利用样本的共享类 PCA 子空间，获得更有效的重建特征，使其更适合于小样本遥感场景分类。目标函数的定义如下：

$$\begin{aligned}&\arg\min_{\boldsymbol{A},\boldsymbol{B},\boldsymbol{W}} \|\boldsymbol{X}-\boldsymbol{XBA}^{\mathrm{T}}\|_F^2+\lambda_0\|\boldsymbol{B}\|_F^2+\lambda_1\sum_{j=1}^{K}\|\boldsymbol{B}_{.j}\|_1+\\&\qquad\eta\|\boldsymbol{Y}-\boldsymbol{XBW}\|_F^2\\&\text{s. t. } \boldsymbol{A}^{\mathrm{T}}\boldsymbol{A}=\boldsymbol{I}_{K\times K},\ \|\boldsymbol{W}_{k.}\|_2\leqslant 1\end{aligned}\tag{3-1}$$

在这里，假设 $\boldsymbol{X}\in\mathbb{R}^{N\times D}$、$\boldsymbol{A}\in\mathbb{R}^{D\times K}$ 和 $\boldsymbol{B}\in\mathbb{R}^{D\times K}$ 分别表示从新类、合成字典（正交矩阵）和分析字典（稀疏矩阵）中提取的特征。N 为特征数，D 表示特征的维数，K 为字典大小。$\boldsymbol{Y}\in\mathbb{R}^{N\times C}$ 表示标签矩阵，$\boldsymbol{W}\in\mathbb{R}^{K\times C}$ 表示分类平面，其中 C 为样本 $\boldsymbol{X}$ 的类别数，λ 和 η 为常数。

用 Frobenius 范数的随机矩阵初始化合成字典 $\boldsymbol{A}$ 和分析字典 $\boldsymbol{B}$，式(3-1)可以通过以下 3 个步骤求解：

(1) 固定 $\boldsymbol{A}$ 和 $\boldsymbol{B}$，更新 $\boldsymbol{W}$，目标函数如下：

$$\begin{aligned}&f(\boldsymbol{W})=\arg\min_{\boldsymbol{A},\boldsymbol{B},\boldsymbol{W}}\|\boldsymbol{Y}-\boldsymbol{XBW}\|_F^2\\&\text{s. t. } \|\boldsymbol{W}_{k.}\|_2\leqslant 1\end{aligned}\tag{3-2}$$

设置了 $\boldsymbol{S}=\boldsymbol{XB}$，其中 $\boldsymbol{S}\in\mathbb{R}^{N\times K}$。然后得到 $\boldsymbol{W}$ 为式(3-3)。

$$\boldsymbol{W}_{k.}=\frac{(\boldsymbol{S}^{\mathrm{T}}\boldsymbol{Y})_{k.}-(\boldsymbol{S}^{\mathrm{T}}\boldsymbol{S})\widetilde{\boldsymbol{W}}_{k.}}{\|(\boldsymbol{S}^{\mathrm{T}}\boldsymbol{Y})_{k.}-(\boldsymbol{S}^{\mathrm{T}}\boldsymbol{S})\widetilde{\boldsymbol{W}}_{k.}\|_2}\tag{3-3}$$

其中，$\widetilde{\boldsymbol{W}}_{k.}=\begin{cases}W_{.p}, & p\neq k\\0, & p=k\end{cases}$。

(2) 固定 $\boldsymbol{W}$ 和 $\boldsymbol{B}$，更新 $\boldsymbol{A}$。目标函数如下：

$$f(\boldsymbol{A}) = \arg\min_{\boldsymbol{A},\boldsymbol{B},\boldsymbol{W}} \| \boldsymbol{X} - \boldsymbol{XBA}^{\mathrm{T}} \|_F^2$$
$$\text{s.t. } \boldsymbol{A}^{\mathrm{T}}\boldsymbol{A} = \boldsymbol{I}_{K\times K} \tag{3-4}$$

该问题可以通过 SVD 算法来解决，得到的 SVD 如下：

$$\boldsymbol{X}^{\mathrm{T}}\boldsymbol{XB} = \boldsymbol{U}\sum\boldsymbol{V}^{\mathrm{T}} \tag{3-5}$$

式中，$\boldsymbol{U}\in \mathbb{R}^{D\times D}$、$\sum \in \mathbb{R}^{D\times K}$ 和 $\boldsymbol{V}\in \mathbb{R}^{D\times K}$ 为 SVD 算法得到的矩阵，其中 $\boldsymbol{U}$ 和 $\boldsymbol{V}$ 为酉矩阵。然后，得到综合字典 $\boldsymbol{A}$ 如式(3-6)所列。

$$\boldsymbol{A} = \boldsymbol{UV}^{\mathrm{T}} \tag{3-6}$$

(3) 固定 $\boldsymbol{W}$ 和 $\boldsymbol{A}$，更新 $\boldsymbol{B}$，目标函数如下：

$$f(\boldsymbol{B}) = \arg\min_{\boldsymbol{A},\boldsymbol{B},\boldsymbol{W}} \| \boldsymbol{X} - \boldsymbol{XBA}^{\mathrm{T}} \|_F^2 + \lambda_0 \| \boldsymbol{B} \|_F^2 + \lambda_1 \sum_{j=1}^{K} \| \boldsymbol{B}_{.j} \|_1 + \eta \| \boldsymbol{Y} - \boldsymbol{XBW} \|_F^2 \tag{3-7}$$

然后，式(3-7)分解为：

$$f(\boldsymbol{B}) = \mathrm{tr}(\boldsymbol{X}^{\mathrm{T}}\boldsymbol{X} + \eta\boldsymbol{Y}^{\mathrm{T}}\boldsymbol{Y}) + \mathrm{tr}[\boldsymbol{B}^{\mathrm{T}}(\boldsymbol{X}^{\mathrm{T}}\boldsymbol{X} + \lambda_0\boldsymbol{I})\boldsymbol{B} + \eta\boldsymbol{WW}^{\mathrm{T}}\boldsymbol{B}^{\mathrm{T}}\boldsymbol{X}^{\mathrm{T}}\boldsymbol{XB}] - 2\mathrm{tr}(\boldsymbol{X}^{\mathrm{T}}\boldsymbol{XBA}^{\mathrm{T}} + \eta\boldsymbol{Y}^{\mathrm{T}}\boldsymbol{XBW}) + \lambda_1\sum_{j=1}^{K} \|\boldsymbol{B}_{.j}\|_1 \tag{3-8}$$

这里，tr(·)表示矩阵的迹。去掉无关项，重写目标函数如下：

$$f(\boldsymbol{B}) = \mathrm{tr}[\boldsymbol{B}^{\mathrm{T}}(\boldsymbol{X}^{\mathrm{T}}\boldsymbol{X} + \lambda_0\boldsymbol{I})\boldsymbol{B} + \eta\boldsymbol{WW}^{\mathrm{T}}\boldsymbol{B}^{\mathrm{T}}\boldsymbol{X}^{\mathrm{T}}\boldsymbol{XB}] - 2\mathrm{tr}[\boldsymbol{X}^{\mathrm{T}}\boldsymbol{XBA}^{\mathrm{T}} + \eta\boldsymbol{Y}^{\mathrm{T}}\boldsymbol{XBW}] + \lambda_1 \sum_{j=1}^{K} \| \boldsymbol{B}_{.j} \|_1 \tag{3-9}$$

定义 $g(\boldsymbol{B})=\mathrm{tr}[\cdot]-2\mathrm{tr}(\cdot)$。该目标函数可改写如下：

$$f(\boldsymbol{B}) = g(\boldsymbol{B}) + \lambda_1 \sum_{j=1}^{K} \| \boldsymbol{B}_{.j} \|_1 \tag{3-10}$$

根据式(3-10)，得到了这个值：

$$f(\boldsymbol{B}_{.k}) = g(\boldsymbol{B}_{.k}) + \lambda_1 \| \boldsymbol{B}_{.k} \|_1 \tag{3-11}$$

这样就可以使用 ADMM 算法来解决这个问题，通过数值秩的计算，实现低秩化处理：

$$f(\boldsymbol{B}_{\cdot k},\boldsymbol{z}) = g(\boldsymbol{B}_{\cdot k}) + \lambda_1 \| \boldsymbol{z} \|_1$$
$$\text{s.t. } \boldsymbol{B}_{\cdot k} = \boldsymbol{z} \tag{3-12}$$

$$f(\boldsymbol{B}_{\cdot k},\boldsymbol{z},\boldsymbol{\xi}) = g(\boldsymbol{B}_{\cdot k}) + \lambda_1 \| \boldsymbol{z} \|_1 + \boldsymbol{\xi}^{\mathrm{T}}(\boldsymbol{B}_{\cdot k} - \boldsymbol{z}) + \rho \| \boldsymbol{B}_{\cdot k} - \boldsymbol{z} \|_2^2 \tag{3-13}$$

固定 $\boldsymbol{z}$ 和 $\boldsymbol{\xi}$，更新分析字典 $\boldsymbol{B}_{\cdot k}$：

$$f(\boldsymbol{B}_{\cdot k}) = g(\boldsymbol{B}_{\cdot k}) + \boldsymbol{\xi}^{\mathrm{T}}\boldsymbol{B}_{\cdot k} + \rho \| \boldsymbol{B}_{\cdot k} - \boldsymbol{z} \|_2^2 \tag{3-14}$$

为此，最优 $\boldsymbol{B}$ 可以表述为：

$$\boldsymbol{B}_{\cdot k} = \boldsymbol{G}^{-1}\left(\boldsymbol{X}^{\mathrm{T}}\boldsymbol{X}\boldsymbol{A}_{\cdot k} + \eta\boldsymbol{X}^{\mathrm{T}}\boldsymbol{Y}\boldsymbol{W}_{\cdot k}^{\mathrm{T}} + \rho\boldsymbol{z} - \frac{\boldsymbol{\xi}}{2} - \eta\boldsymbol{X}^{\mathrm{T}}\boldsymbol{X}\widetilde{\boldsymbol{Z}}_{k\cdot}\right) \tag{3-15}$$

其中，$\boldsymbol{G} = \eta\boldsymbol{X}^{\mathrm{T}}\boldsymbol{X}\left[\sum_{j=1}^{k}(\boldsymbol{W}\boldsymbol{W}_{kk}^{\mathrm{T}})\right] + \boldsymbol{X}^{\mathrm{T}}\boldsymbol{X} + (\lambda_0 + \rho)\boldsymbol{I}, \boldsymbol{Z} = \boldsymbol{W}\boldsymbol{W}^{\mathrm{T}}$，$\widetilde{\boldsymbol{Z}}_{k\cdot} = \begin{cases} \boldsymbol{Z}_{\cdot p}, & p \neq k \\ 0, & p = k \end{cases}$。

固定 $\boldsymbol{B}_{\cdot k}$ 和 $\boldsymbol{\xi}$，更新 $\boldsymbol{z}$：

$$\boldsymbol{z} = \max\left\{\boldsymbol{B}_{\cdot k} + \frac{1}{2\rho}(\boldsymbol{\xi} - \lambda_1), 0\right\} + \min\left\{\boldsymbol{B}_{\cdot k} + \frac{1}{2\rho}(\boldsymbol{\xi} + \lambda_1), 0\right\} \tag{3-16}$$

固定 $\boldsymbol{B}_{\cdot k}$ 和 $\boldsymbol{z}$，更新 $\boldsymbol{\xi}$：

$$\boldsymbol{\xi} = \boldsymbol{\xi} + \rho(\boldsymbol{B}_{\cdot k} - \boldsymbol{z}) \tag{3-17}$$

3.2.3 标签预测

给出一个查询图像 $\boldsymbol{x}_{\mathrm{q}}$，提取了它的特征嵌入 $F(\boldsymbol{x}_{\mathrm{q}})$。预测的标签由公式(3-18)得到：

$$\text{category}(\boldsymbol{x}_{\mathrm{q}}) = \max\{\boldsymbol{x}_{\mathrm{q}}\boldsymbol{B}\boldsymbol{W}\} \tag{3-18}$$

3.3　实验结果与分析

3.3.1　数据集

CSHSPCA 方法在小样本学习数据集 tiered-ImageNet 训练特征提取模型，在 NWPU-RESISC45、RSD46-WHU 和 RSSC12 数据集上进行测试，NWPU-RESISC45 数据集、RSD46-WHU 数据集和 RSSC12 数据集的元验证、元测试划分如表 3-1 所列。

表 3-1　遥感场景分类数据集的元验证、元测试的划分

数据集	全部类	元验证	元测试
NWPU-RESISC45	45	8	12
RSD46-WHU	46	8	12
RSSC12	12	—	12

3.3.2　实验设置

在预训练阶段，采用通用的 Resnet-12 网络，其结构与文献[141]中结构相同。在训练过程中，模型的优化器是随机梯度下降(SGD)优化器，优化器的动量设置到 0.9，重量衰减为 1×10^{-4}，学习率最初为0.1，迭代次数为 30、60、90 时的学习率分别为 0.01、0.001 和 0.000 1。整个模型在基础数据上预先训练了 120 次迭代。此外，在将数据输入特征提取器之前，还采用了水平翻转、随机裁剪、色系变化等标准数据增强方法。当训练完成时，根据在元训练集上的分类精度测试，选择最佳模型。

在元测试阶段，它类似于常见的小样本图像分类。首先，遥感图像大小被调整为 84×84 像素，然后固定预训练的特征提取器的参数，去除最后一个 FC 层，因此可以通过特征提取器 Resnet-12 得到每个遥感图像的 512 维特征向量。接下来，使用CSHSPCA 分类器进行分类。对于 CSHSPCA 的参数，依据现有经验与实验验证，在 NWPU-RESISC45 数据集上固定 λ_0 为 2^0，λ_1 为 2^{-9}，ρ 为 2^{-3}，在 RSD46-WHU 数据集的 5-way 1-shot 的 λ_0 为 2^0，λ_1 为 2^{-8}，ρ 为 2^{-10}，本章 3.3.3 节通过实验分析参数对准确率的影响。根据文献[89]提出的小样本学习实验设置，通过 15 个查询样本评估了 600 个任务的性能。从每个数据集的测试样本中随机选择 N 类样本，并为每个类随机选择 K 个样本，这里是 $N=5$ 和 $K=1$ 或 5。图 3-2 显示了 600 个任务的 5-way 1-shot 案例的示例。为了保证稀疏 PCA 的基的大小可以超过支持集的样本数量，对支持集的所有样本加上了一个小的噪声，再和支持集样本一块参与到稀疏 PCA 的学习当中。

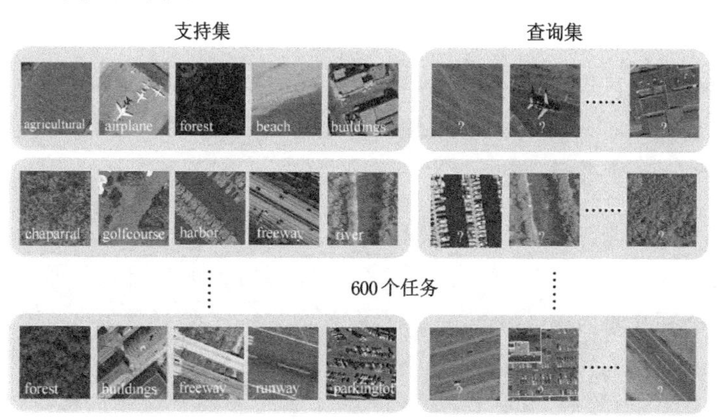

图 3-2　600 个任务的 5-way 1-shot 案例的示例

3.3.3　对比实验

基于元学习的方法[108,120-142]获得了优秀的结果，有效地解决了由于数据较少而导致的网络产生欠拟合等问题。但是其网络不能完全训练，使得难以进一步提高样本分类的准确性，因此本章提出了一种基于自监督学习的方法来有效地解决上述问题，同时采用共享类稀疏 PCA 方法处理类间“负迁移”问题，在小样本遥感场景分类中有更为显著的性能表现。

在表 3-2～表 3-4 中分别列出了超过 600 个任务的实验结果，之前的工作实验结果分别来自实验报告。通常在 5-way 1-shot 和 5-way 5-shot 的情况下测试小样本遥感场景分类的准确性，其中在 5-way 1-shot 的情况下，在每个类别中只有一个图像来训练分类器，这是具有挑战性的。在有效地解决由于数据较少而导致网络产生欠拟合等方面，与之前的工作相比，本章在 5-way 5-shot 情况下的所有数据集上分别提高了 0.98% 和 0.40%，在 5-way 1-shot 的实例中，分别提高了 1.81%和 1.53%。

表 3-2　在 NWPU-RESISC45 上的小样本分类精度与方差(600 次任务)

单位：%

方法	骨干网络	5-way 1-shot	5-way 5-shot
LLSR[124]	Conv-4	51.43	72.90
MAML[79]	Conv-4	53.52±0.83	71.69±0.63
ProtoNet[121]	Conv-4	51.17±0.79	74.58±0.56
RelationNet[101]	Conv-4	57.10±0.89	73.55±0.56
MatchingNet[118]	Conv-5	37.61	47.10
Meta-SGD[127]	Conv-5	60.63±0.90	75.75±0.65
DLA-MatchNet[108]	Conv-5	68.80±0.70	81.63±0.46
MAML[79]	Resnet-12	56.01±0.87	72.94±0.63
ProtoNet[121]	Resnet-12	62.78±0.85	80.19±0.52
RelationNet[101]	Resnet-12	55.84±0.88	75.78±0.57

表 3-2(续)

方法	骨干网络	5-way 1-shot	5-way 5-shot
TADAM[122]	Resnet-12	62.25±0.79	82.36±0.54
MetaOptNet[88]	Resnet-12	62.72±0.64	80.41±0.41
DSN-MR[123]	Resnet-12	66.93±0.51	81.67±0.49
D-CNN[85]	Resnet-12	36.00±6.31	53.60±5.34
Meta-Learning[120]	Resnet-12	69.46±0.22	84.66±0.12
TPN[87]	Resnet-12	66.51±0.87	78.50±0.56
TAE-Net[125]	Resnet-12	69.13±0.83	82.37±0.52
CSHSPCA	Resnet-12	71.27±0.70	85.64±0.46

表 3-3　在 RSD46-WHU 上的小样本分类精度与方差(600 次任务)

单位:%

方法	骨干网络	5-way 1-shot	5-way 5-shot
LLSR[124]	Conv-4	51.43	72.90
MAML[79]	Conv-4	52.73±0.91	69.18±0.73
ProtoNet[121]	Conv-4	52.57±0.89	71.95±0.71
RelationNet[101]	Conv-4	54.36±0.90	68.86±0.71
MAML[79]	Resnet-12	54.36±1.04	69.28±0.81
ProtoNet[121]	Resnet-12	60.53±0.99	77.53±0.73
RelationNet[101]	Resnet-12	53.73±0.95	69.98±0.74
TADAM[122]	Resnet-12	65.84±0.67	82.79±0.58
MetaOptNet[88]	Resnet-12	62.05±0.76	82.60±0.46
DSN-MR[123]	Resnet-12	66.53±0.70	82.74±0.54
D-CNN[85]	Resnet-12	30.93±7.49	58.93±6.14
Meta-Learning[120]	Resnet-12	69.08±0.25	84.10±0.15
CSHSPCA	Resnet-12	70.61±0.73	84.50±0.48

表 3-4　数据集 RSSC12 上的小样本分类准确率　　单位：%

方法	网络	5-way 1-shot	5-way 5-shot
ProtoNet[121]	Resnet-12	64.93±0.91	84.35±0.70
MetaOptNet[88]	Resnet-12	64.81±0.91	85.98±0.68
ICI[88]	Resnet-12	66.79±0.87	86.35±0.65
Meta-Learning[120]	Resnet-12	67.89±0.86	85.14±0.66
CSHSPCA	Resnet-12	68.89±0.85	87.25±0.64

本章节列举了基于度量学习的几种典型方法，例如原型网络、关系网络、匹配网络、DLA-MatchNet、TADAM、MetaOptNet、DSN-MR 等，以及基于元学习的方法，例如 LLSR、MAML 和 Meta-MAML。分析表明，基于度量学习的方法更适合于小样本遥感场景分类。

此外，还观察到，在 NWPU-RESISC45 数据集上使用 Resnet-12 作为骨干网络时，原型网络和 MAML 方法比使用 Conv-4 获得的准确率更加优秀，其中在 5-way 1-shot 和 5-way 5-shot 情况下，原型网络分别提高了 11.61%和 5.61%。由此可知，神经网络的层越多，提取的样本特征的性能越好。同时还观察到，在 NWPU-RESISC45 数据集中，大多数使用 Resnet-12 作为特征提取器的方法的性能一般低于 DLA-MatchNet 方法，出现此问题的原因是遥感数据的训练数据不足，导致 Resnet-12 在训练期间出现了欠拟合问题。

此外，同章节 2.2.3，可视化了在 RSSC12 数据集上的分类结果，如图 3-3 所示。CSHSPCA 分类准确率为 91.22%，分类错误主要出现在类别存在交叉的图像块。与第 2 章所提出的 CSHDPL 方法相比，本章所提出的 CSHSPCA 方法的准确率提升了 1.78%，验证了 CSHSPCA 方法将新数据特征映射到判别子空间中，重构特征的更具鉴别性，能够合理有效地提升小样本遥感图像的分类性能。

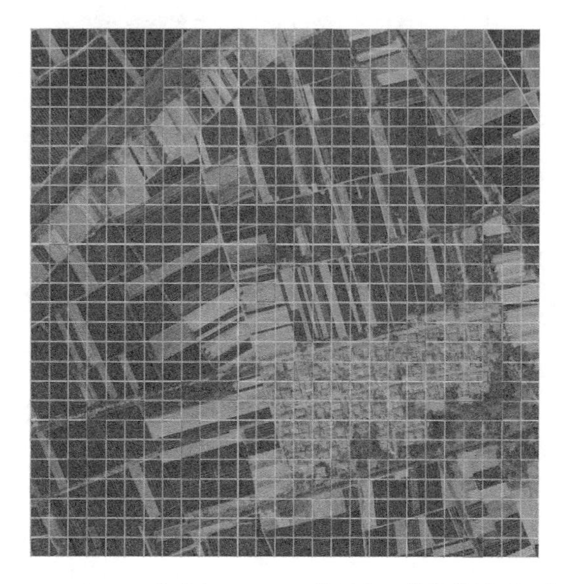

图 3-3　CSHSPCA 方法在 RSSC12 数据集上分类结果可视化示例

3.3.4　消融实验

3.3.4.1　自监督机制的影响

在训练前阶段，本章使用一个自监督机制来训练特征提取器，将镜像变换应用于训练样本，并共同构造损失函数，解释自监督辅助损失。通过对最终结果的分析，证明了自我监测机制的优越性。

这里对图像进行翻转，生成相应的伪标签作为辅助分类任务，监督网络训练，完成图像角度预测任务。假设网络想要预测图像的翻转角度，在这种情况下，必须学习理解图像中的突出对象，识别它们的方向和对象类型，然后将对象方向与原始图像关联起来。如果网络不能学会理解这些概念，它就不能准确地预测翻转角度。同时,辅助任务的构建在一定程度上增加了网络训练的复杂性。该网络提取的特征可以很好地进行分类,并准确地预测翻转角。在训练过程中提取的特征具有更好的泛化性。

本章在 NWPU-RESISC45 和 RSD46-WHU 数据集上测试了自监督学习机制。测试结果如表 3-5 所列,基线是没有自监督机制的基线结果,baseline+ssm 是自监督机制的结果。所有的实验都是在相同的设置下进行的。

表 3-5　与 5-way *K*-shot 的基线比较结果　　单位:%

方法	NWPU-RESISC45		RSD46-WHU	
	1-shot	5-shot	1-shot	5-shot
baseline	66.04±0.82	82.50±0.52	67.89±0.79	82.76±0.52
baseline+ssm	71.27±0.70	85.64±0.46	70.61±0.73	84.50±0.48

从表 3-5 中可以看出,在两个数据集的不同测试用例下,使用自我监督机制优于基线的结果。与数据的旋转增强方法相比,采用自监督机制在所有数据集 5-way 1-shot 中提高了 5.23%和 2.72%,在 5-way 5-shot 数据集分别提高了 3.14%和 1.74%。

本章使用 NWPU-RESISC45 数据集上的自监督机制,绘制了基础数据(左侧)和自监督数据(右侧)的前 50 次迭代训练和验证精度的变化,如图 3-4 所示。

3.3.4.2　重构特征的影响

目前,在小样本遥感场景分类中存在类间"负迁移"问题,对基础数据的特征提取器预训练不能很好地适应新数据的特征,本章提出使用共享类稀疏 PCA 方法来学习和重建特征,进行了消融实验,验证了重建特征的有效性。使用 t-SNE 在 NWPU-RESISC45 数据集上可视化新数据特征 $\boldsymbol{X}$ 和重建特征 $\boldsymbol{XB}$,实验结果如图 3-5 所示。从图中可以看出,新数据不同类别特征的分布相

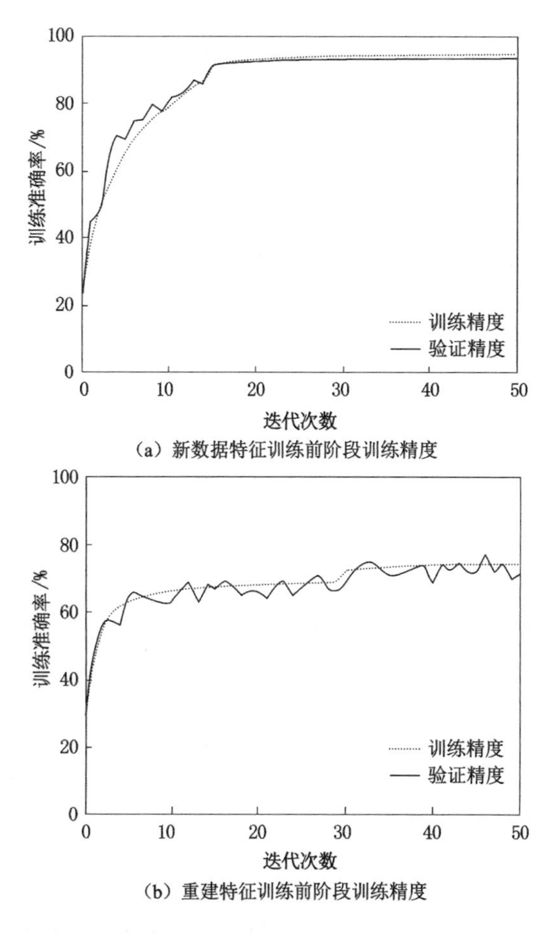

(a) 新数据特征训练前阶段训练精度

(b) 重建特征训练前阶段训练精度

图 3-4　训练前阶段训练精度的变化

互重叠。相比之下,重建的特征在同一类别特征之间的距离更近,在不同类别特征之间的距离更长,具有更好的分辨能力,更有利于图像分类。

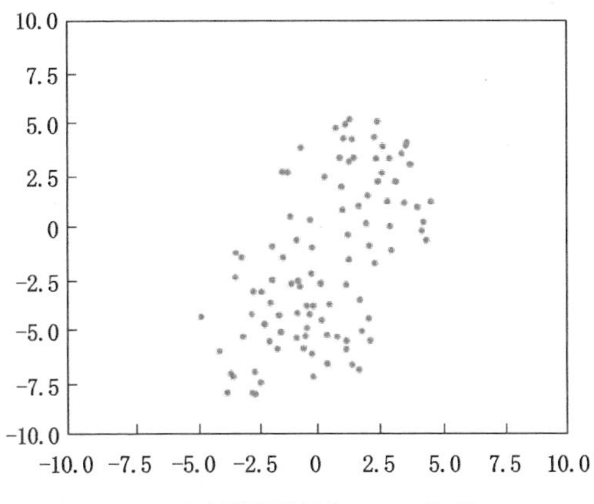

(a) 新数据特征的t-SNE可视化

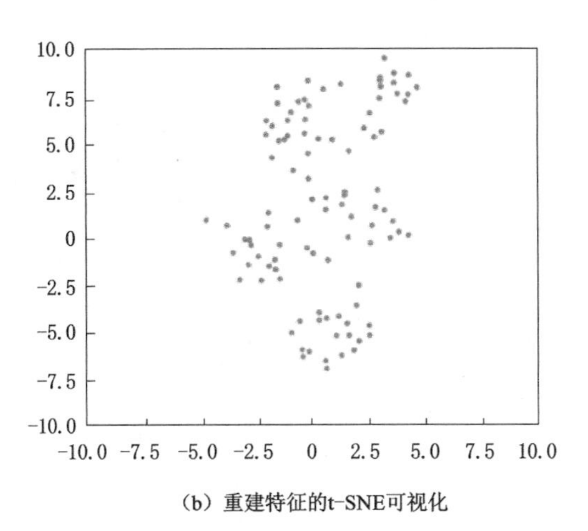

(b) 重建特征的t-SNE可视化

图 3-5　t-SNE 的可视化

3.3.4.3　参数的影响

作者进行了消融研究，以此来分析超参数 λ_0、λ_1 和 ρ 的影响。

为了更快地确定实验的最优参数，固定其中两个参数，然后改变了另一个参数。在 5-way 1-shot 的情况下，NWPU-RESISC45 和 RSD46-WHU 数据集的实验结果如图 3-6～图 3-8 所示。在 NWPU-RESISC45 数据集上选择 λ_0 为 2^0，λ_1 为 2^{-10}，ρ 为 2^{-3}；在 RSD46-WHU 数据集上选择 λ_0 为 2^0，λ_1 为 2^{-8}，ρ 为 2^{-10} 作为最终的参数。

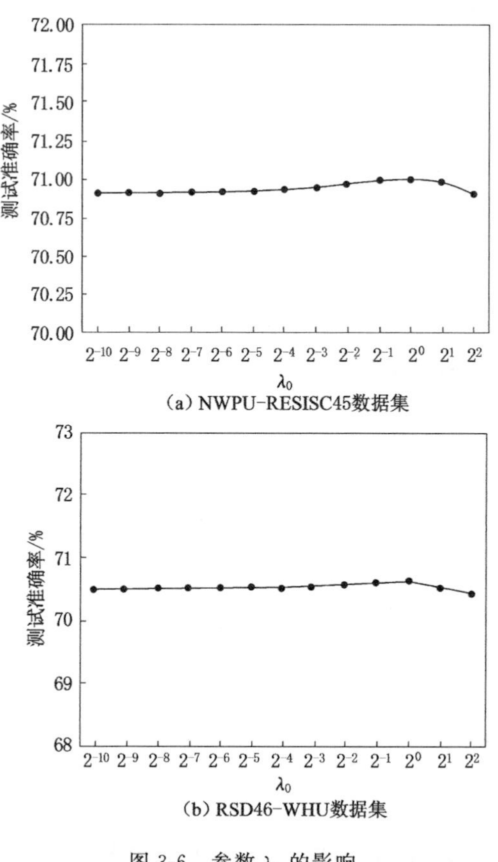

图 3-6　参数 λ_0 的影响

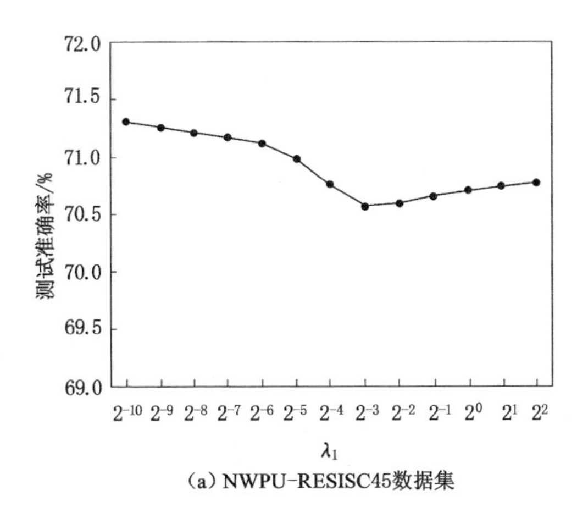

(a) NWPU-RESISC45数据集

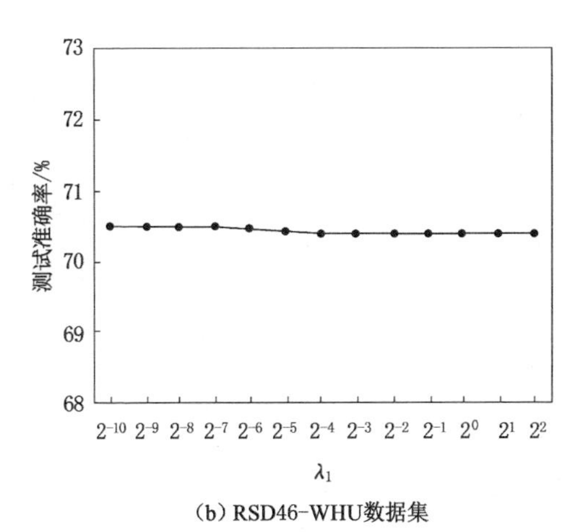

(b) RSD46-WHU数据集

图 3-7　参数 λ_1 的影响

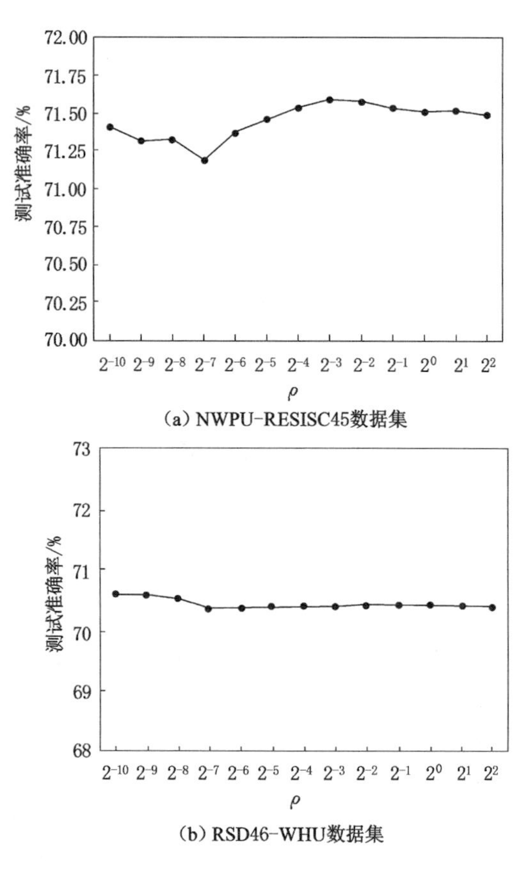

图 3-8 参数 ρ 的影响

3.3.4.4 元测试 shot 的影响

表 3-1～表 3-5 说明了 5-way 1-shot 和 5-way 5-shot 实例之间的性能异质性，进一步发展了不同 shot 对性能的影响。从图 3-9 中可以看到，随着 shot 数的增加，本章所提出的方法的性能逐渐提

高，但速度较慢，特别是在 5-way 2-shot 的情况下。

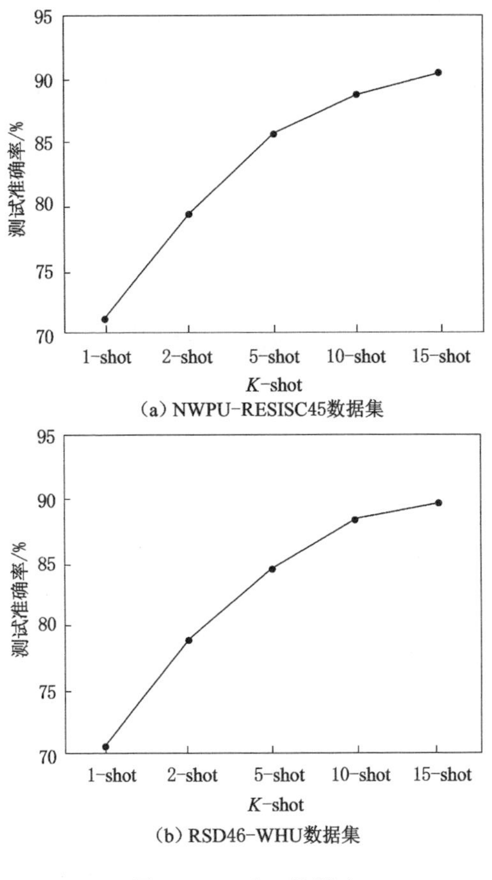

(a) NWPU-RESISC45数据集

(b) RSD46-WHU数据集

图 3-9　*K*-shot 的影响

3.4　本章小结

针对现有类间"负迁移"的问题，提出了一种基于共享类稀疏

PCA 的小样本场景分类方法。首先,提出使用自监督学习作为一个辅助的分类任务,这有助于用有限的数据训练一个更具鲁棒性的特征提取器。然后,提出了一种新的、更具鲁棒性的分类器,将其用于小样本遥感场景的分类,可以有效地提高对新数据特征的识别能力,测试表明,已经显著提高了两个常用的小样本遥感场景数据集及自行构建数据集的分类性能。多次消融实验证明了所提方法的合理性和有效性。

第 4 章　基于特定类稀疏 PCA 的小样本遥感图像分类

4.1　引言

基于共享类的遥感图像分类方法是将所有类的训练样本映射到同一子空间，充分考虑样本共性因素，并为所有类学习一个共享特征集。本章将为每个类学习一个特征集，在特定类字典学习分类方法的基础上，结合稀疏 PCA 算法的优点，针对类内间距过大导致的特征容易误分的问题，提出了一种特定类稀疏 PCA 方法(CSPSPCA)。该方法可以有效地解决小样本遥感图像分类任务(例如每类 5、10、15、20 个样本)类内“负迁移”问题，能够为深度小样本学习任务提供理论支持。另外，本书使用了交替方向乘子方向法(alternating direction method of multipliers，ADMM)算法对分析字典进行优化，提高了计算效率。在多个遥感数据集上的实验结果表明，所使用的方法能够学习图像的判别表示，同时减少了重构误差。

虽然基于共享类字典学习方法在小样本遥感图像分类任务上已经取得了较好的效果，但是基于共享类字典学习的分类方法只考虑了样本的总体分布，忽略了每类样本的内部分布信息。而基于特定类字典学习的分类方法在获取类的代表性特征信息方面表现出色，受到了广泛关注。Liu 等[143]提出了一种特定类字典学习方法来学习每个类的特定类字典，并将它们串联在一起。Yang 等[144]提出了一种 Fisher 判别字典学习(FDDL)方法，为每个特定类别学习一个判别字典。与 FDDL 方法不同，Gu 等[145]提出了一种特定类字典对学习(DPL)方法来联合学习合成字典和分析字典。之后的几个工作，如鲁棒自适应字典对学习(RA-DPL)[146]、双投影潜在字典对学习(TP-DPL)[147]，将常规字典学习扩展到字典对学习，这种方法通过联合学习合成字典和分析字典来达到信号表示和识别的目的。此外，判别贝叶斯字典学习(DBDL)[148]和联合嵌入字典学习(JEDL)[149]是两种基于特定类别字典学习的有效分类方法。具体地说，DBDL 通过逼近非参数贝叶斯观点来完成分类任务，JEDL 通过同时最小化稀疏重构、判别性稀疏编码、编码近似和分类误差来提供线性稀疏码自动提取器和多类分类器。Zhu 等[150-152]提出了几种用于图像和视频行人重识别的字典学习方法，包括半监督的基于交叉视图投影的字典学习(SCPDL)方法和联合特征投影矩阵和异类字典对学习(PHDL)方法。

具体地，本章的主要工作有：

(1) 使用了一种特定类稀疏 PCA 方法，该方法为每个类构造子空间，以揭示数据的内部结构。实验结果表明，该方法能够很好地提高高维遥感图像特征的分类效果。

(2) 使用了 ADMM 算法对分析字典进行优化，提高了计算效率。

4.2 用于小样本遥感场景分类的特定类稀疏 PCA

4.2.1 方法框架概述

特定类稀疏 PCA 方法的结构图如图 4-1 所示。在训练阶段，通过稀疏 PCA 算法获得每个类的字典对，对字典的学习包括合成字典（正交矩阵 $\boldsymbol{A}$）和分析字典（稀疏矩阵 $\boldsymbol{B}$）两部分。其中，合成字典将图像特征映射到一个正交子空间，并保证保留有用的信息，分析字典将投影矩阵分解为具有图像特征的稀疏线性组合。稀疏特性扩展了 PCA 的范围（即高维数据）。在测试阶段，将测试样本投影到每个特定的子空间，并采用最小重构误差对标签进行预测。

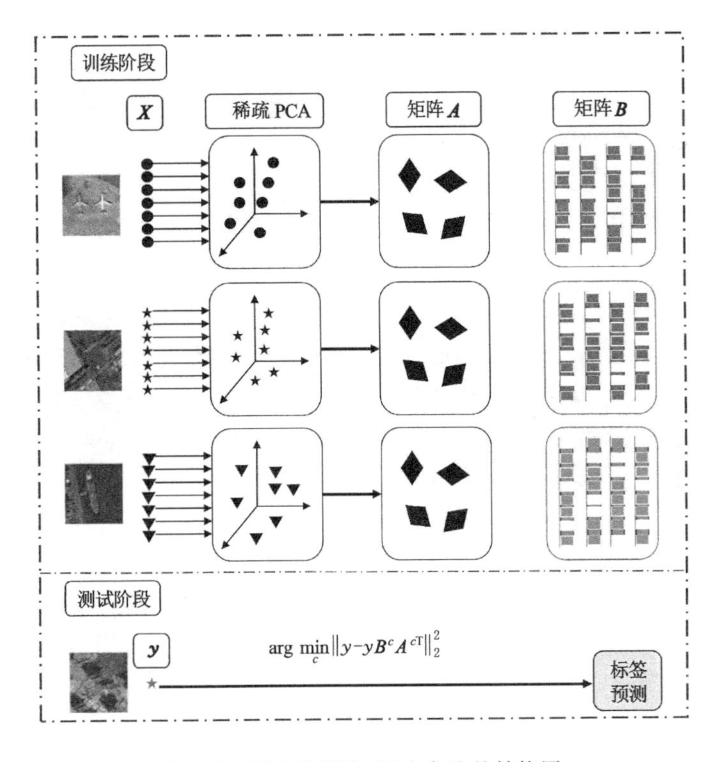

图 4-1　特定类稀疏 PCA 方法的结构图

4.2.2 特定类稀疏 PCA 分类器

特定类字典学习和共享类字典学习都在图像识别领域取得了优异的成绩。在本章中，使用了一种新颖的特定类字典学习方法，该方法采用稀疏 PCA 算法为每个特定类学习一对合成和分析字典。式(4-1)表示目标函数。

$$\begin{aligned}&\arg\min_{\boldsymbol{A},\boldsymbol{B}}\sum_{c=1}^{C}\Big\{\|\boldsymbol{X}^{c}-\boldsymbol{X}^{c}\boldsymbol{B}^{c}\boldsymbol{A}^{c\mathrm{T}}\|_{F}^{2}+\lambda_{0}\|\boldsymbol{B}^{c}\|_{F}^{2}+\\&\qquad\sum_{j=1}^{K}\lambda_{1,j}\|\boldsymbol{B}_{\cdot j}^{c}\|_{1}\Big\}+\Psi(\boldsymbol{A},\boldsymbol{B},\boldsymbol{Y})\\&\text{s.t.}\ \boldsymbol{A}^{c\mathrm{T}}\boldsymbol{A}^{c}=\boldsymbol{I}_{K\times K}\end{aligned}\tag{4-1}$$

PCA 算法在处理高维数据集同时，保留数据集中尽可能多的信息。此外，PCA 算法将大部分信号集中在前几个主成分中，而噪声可能会支配后面的成分。因此，在式(4-1)中 $\|\boldsymbol{X}^{c}-\boldsymbol{X}^{c}\boldsymbol{B}^{c}\boldsymbol{A}^{c\mathrm{T}}\|_{F}^{2}$ 是重构误差项；$\boldsymbol{A}^{c}$ 是合成字典(正交矩阵)，它将图像特征映射到正交子空间，保证保留有用信息并去除噪声；$\boldsymbol{B}^{c}$ 是分析字典(稀疏矩阵)，它认为投影矩阵是图像特征的稀疏线性组合。$\|\boldsymbol{B}^{c}\|_{F}^{2}$ 表明当图像特征的维度大于图像特征的数量时(即 $D>N^{c}$)是需要的。$\|\boldsymbol{B}_{\cdot j}^{c}\|_{1}$ 是 $\boldsymbol{B}^{c}$ 每列的稀疏惩罚。$\Psi(\boldsymbol{A},\boldsymbol{B},\boldsymbol{Y})$ 表示某种鉴别促进函数，它保证了 $\boldsymbol{A}$ 和 $\boldsymbol{XB}$ 的鉴别力。这里，$\boldsymbol{A}=[A^{1},A^{2},\cdots,A^{c}]$，$\boldsymbol{B}=[B^{1},B^{2},\cdots,B^{c}]$，每个类的字典大小为 K；$\boldsymbol{Y}\in R$ 是标签矩阵。众所周知，一个样本可以很好地表示为学习字典中具有相似结构的元素。因此，对于 c 类中的样本 $\boldsymbol{x}$，期望 $\|\boldsymbol{x}-\boldsymbol{x}\boldsymbol{B}^{c}\boldsymbol{A}^{c\mathrm{T}}\|_{2}$ 约等于 $\|\boldsymbol{x}-\boldsymbol{x}\boldsymbol{B}\boldsymbol{A}^{\mathrm{T}}\|_{2}$，即：

$$\boldsymbol{x}\boldsymbol{B}^{d}\approx0\quad\forall d\neq c\tag{4-2}$$

由式(4-2)可以得到判别项最小化 $\|\overline{\boldsymbol{X}^{c}}\boldsymbol{B}^{c}\|_{F}^{2}$，将这个判别项添加到特定类别的稀疏 PCA 的目标函数中[式(4-1)]。式(4-3)显示了本章使用的用于图像分类的特定类稀疏 PCA 算法的目标

函数。

$$\arg\min_{\boldsymbol{A},\boldsymbol{B}} \sum_{c=1}^{C} \{ \| \boldsymbol{X}^c - \boldsymbol{X}^c\boldsymbol{B}^c\boldsymbol{A}^{c\mathrm{T}} \|_F^2 + \lambda_0 \| \boldsymbol{B}^c \|_F^2 \} + \sum_{c=1}^{C} \left\{ \sum_{j=1}^{K} \lambda_{1,j} \| \boldsymbol{B}_{\cdot j}^c \|_1 + \tau \| \overline{\boldsymbol{X}^c}\boldsymbol{B}^c \|_F^2 \right\}$$
$$\text{s. t. } \boldsymbol{A}^{\mathrm{T}}\boldsymbol{A} = \boldsymbol{I}_{K\times K} \tag{4-3}$$

这里，$\overline{\boldsymbol{X}^c}$表示 $\boldsymbol{X}^c$ 的互补数据。

4.2.3 分类器算法的优化

关于式(4-3)的优化问题。式(4-3)不是凸函数，因此可以交替优化式(4-3)中的 $\boldsymbol{B}^c$($\boldsymbol{A}^c$ 固定)或 $\boldsymbol{A}^c$($\boldsymbol{B}^c$ 固定)。为此，将优化问题视为最小化两个子问题。

(1) 式(4-4)显示了一个固定 $\boldsymbol{B}^c$ 的子问题：

$$f(\boldsymbol{A}^c) = \| \boldsymbol{X}^c - \boldsymbol{X}^c\boldsymbol{B}^c\boldsymbol{A}^{c\mathrm{T}} \|_F^2$$
$$\text{s. t. } \boldsymbol{A}^{\mathrm{T}}\boldsymbol{A} = \boldsymbol{I}_{K\times K} \tag{4-4}$$

子问题可以通过奇异值分解(SVD)算法求解。具体来说，将 SVD 计算为式(4-5)。

$$(\boldsymbol{X}^c\boldsymbol{T}\boldsymbol{X}^c)\boldsymbol{B}^c = \boldsymbol{U}^c\boldsymbol{D}^c\boldsymbol{V}^{c\mathrm{T}} \tag{4-5}$$

然后，设置 $\boldsymbol{A}^c = \boldsymbol{U}^c\boldsymbol{V}^{c\mathrm{T}}$。

(2) 式(4-6)显示了另一个固定 $\boldsymbol{A}^c$ 的子问题：

$$f(\boldsymbol{B}^c) = \| \boldsymbol{X}^c - \boldsymbol{X}^c\boldsymbol{B}^c\boldsymbol{A}^{c\mathrm{T}} \|_F^2 + \lambda_0 \| \boldsymbol{B}^c \|_F^2 + \sum_{j=1}^{K} \lambda_{1,j} \| \boldsymbol{B}_{\cdot j}^c \|_1 + \tau \| \overline{\boldsymbol{X}^c}\boldsymbol{B}^c \|_F^2 \tag{4-6}$$

迭代地更新分析字典 $\boldsymbol{B}^c$ 的每一列。假设只考虑第 k 个主成分，式(4-6)可以改写为式(4-7)。

$$f(\boldsymbol{B}_{\cdot k}^c) = \| \boldsymbol{X}^c - \boldsymbol{X}^c\boldsymbol{B}_{\cdot k}^c\boldsymbol{A}_{\cdot k}^{c\mathrm{T}} \|_F^2 + \lambda_0 \| \boldsymbol{B}_{\cdot k}^c \|_2^2 + \lambda_{1,k} \| \boldsymbol{B}_{\cdot k}^c \|_1 + \tau \| \overline{\boldsymbol{X}^c}\boldsymbol{B}_{\cdot k}^c \|_2^2 \tag{4-7}$$

式(4-7)可以写成式(4-8)。

$$f(\boldsymbol{B}_{\cdot k}^{c}) = \boldsymbol{B}_{\cdot k}^{c\mathrm{T}}(\boldsymbol{X}^{c\mathrm{T}}\boldsymbol{X}^{c} + \tau\overline{\boldsymbol{X}^{c}}^{\mathrm{T}}\overline{\boldsymbol{X}^{c}} + \lambda_0\boldsymbol{I})\boldsymbol{B}_{\cdot k}^{c} + \mathrm{tr}\{\boldsymbol{X}^{c\mathrm{T}}\boldsymbol{X}^{c}\} - 2\boldsymbol{A}_{\cdot k}^{c\mathrm{T}}\boldsymbol{X}^{c\mathrm{T}}\boldsymbol{X}^{c}\boldsymbol{B}_{\cdot k}^{c} + \lambda_{1,k}\|\boldsymbol{B}_{\cdot k}^{c}\|_1 \tag{4-8}$$

然后，使用 ADMM 算法来优化式(4-8)。根据 ADMM 算法，式(4-8)可以转换为式(4-9)。

$$\begin{aligned} f(\boldsymbol{B}_{\cdot k}^{c},\boldsymbol{z}) &= \boldsymbol{B}_{\cdot k}^{c\mathrm{T}}(\boldsymbol{X}^{c\mathrm{T}}\boldsymbol{X}^{c} + \tau\overline{\boldsymbol{X}^{c}}^{\mathrm{T}}\overline{\boldsymbol{X}^{c}} + \lambda_0\boldsymbol{I})\boldsymbol{B}_{\cdot k}^{c} - 2\boldsymbol{A}_{\cdot k}^{c\mathrm{T}}\boldsymbol{X}^{c\mathrm{T}}\boldsymbol{X}^{c}\boldsymbol{B}_{\cdot k}^{c} + \lambda_{1,k}\|\boldsymbol{z}\|_1 \\ \text{s.t. } \boldsymbol{B}_{\cdot k}^{c} &= \boldsymbol{z} \end{aligned} \tag{4-9}$$

式(4-10)显示了式(4-9)的拉格朗日形式。

$$f(\boldsymbol{B}_{\cdot k}^{c},\boldsymbol{z},\boldsymbol{\delta}) = \boldsymbol{B}_{\cdot k}^{c\mathrm{T}}(\boldsymbol{X}^{c\mathrm{T}}\boldsymbol{X}^{c} + \tau\overline{\boldsymbol{X}^{c}}^{\mathrm{T}}\overline{\boldsymbol{X}^{c}} + \lambda_0\boldsymbol{I})\boldsymbol{B}_{\cdot k}^{c} - 2\boldsymbol{A}_{\cdot k}^{c}\boldsymbol{X}^{c\mathrm{T}}\boldsymbol{X}^{c}\boldsymbol{B}_{\cdot k}^{c} + \lambda_{1,k}\|\boldsymbol{z}\|_1 + \boldsymbol{\delta}^{\mathrm{T}}(\boldsymbol{B}_{\cdot k}^{c} - \boldsymbol{z}) + \rho\|\boldsymbol{B}_{\cdot k}^{c} - \boldsymbol{z}\|_2^2 \tag{4-10}$$

需要优化三个参数，如 $\boldsymbol{\delta},\boldsymbol{z},\boldsymbol{B}_{\cdot k}^{c}$。

- 固定 $\boldsymbol{\delta}$ 和 $\boldsymbol{z}$，$\boldsymbol{B}_{\cdot k}^{c}$很容易通过式(4-11)求解。

$$\boldsymbol{B}_{\cdot k}^{c} = \{\boldsymbol{X}^{c\mathrm{T}}\boldsymbol{X}^{c} + \tau\overline{\boldsymbol{X}^{c}}^{\mathrm{T}}\overline{\boldsymbol{X}^{c}} + (\lambda_0 + \rho)\boldsymbol{I}\}^{-1} \cdot \left\{\boldsymbol{X}^{c\mathrm{T}}\boldsymbol{X}^{c}\boldsymbol{A}_{\cdot k}^{c} + \rho\boldsymbol{z} - \frac{\boldsymbol{\delta}}{2}\right\} \tag{4-11}$$

- 固定 $\boldsymbol{\delta}$ 和 $\boldsymbol{B}_{\cdot k}^{c}$，$\boldsymbol{z}$ 通过式(4-12)求解。

$$\boldsymbol{z} = \max\left\{\boldsymbol{B}_{\cdot k}^{c} + \frac{1}{2\rho}(\boldsymbol{\delta} - \lambda_{1,k}),0\right\} + \min\left\{\boldsymbol{B}_{\cdot k}^{c} + \frac{1}{2\rho}(\boldsymbol{\delta} + \lambda_{1,k}),0\right\} \tag{4-12}$$

- 固定 $\boldsymbol{z}$ 和 $\boldsymbol{B}_{\cdot k}^{c}$，$\boldsymbol{\delta}$ 通过式(4-13)求解。

$$\boldsymbol{\delta} = \boldsymbol{\delta} + \rho(\boldsymbol{B}_{\cdot k}^{c} - \boldsymbol{z}) \tag{4-13}$$

该算法的优化过程如图 4-2 所示。

算法:特定类稀疏 PCA 算法

输入:训练样本 $\boldsymbol{X}\in R^{N\times D}$,参数 λ_0,$\lambda_{1,k}$和 τ

输出:合成字典 $\boldsymbol{A}$ 和分析字典 $\boldsymbol{B}$

1:for $c=1;c\leqslant C;c++$do:

2:　while 没有收敛 do:

3:　　for $k=1;k\leqslant K;k++$do:

4:　　　根据 ADMM 算法更新 $\boldsymbol{B}^{c}_{\cdot,k}$。

5:　　end for

6:　　根据式(4-12)更新 $\boldsymbol{A}^{c}$。

7:　end while

8:end for

图 4-2　算法的优化过程

4.2.4　标签预测

在训练阶段,分析字典 $\boldsymbol{B}^c$ 被训练判别项 $\|\overline{\boldsymbol{X}^c}\boldsymbol{B}^c\|_F^2$ 约束生成小的投影系数 $\boldsymbol{X}^c\boldsymbol{B}^d$,$\forall d\neq c$ 以及产生有用的投影系数 $\boldsymbol{X}^c\boldsymbol{B}^c$ 来表示类别 c。合成字典 $\boldsymbol{A}^c$ 被训练来构造类别 c 的正交子空间。

在测试阶段,如果查询样本 $\boldsymbol{x}$ 来自 c 类,其 $\boldsymbol{B}^c$ 的投影向量可以产生显著的编码系数,而其 $\boldsymbol{B}^d$ 的投影向量,$\forall d\neq c$ 将不明显。因此,重建误差 $\|\boldsymbol{x}-\boldsymbol{x}\boldsymbol{B}^c\boldsymbol{A}^{c\mathrm{T}}\|_F^2$ 往往比查询误差 $\|\boldsymbol{x}-\boldsymbol{x}\boldsymbol{B}^d\boldsymbol{A}^{d\mathrm{T}}\|_F^2$,$\forall d\neq c$ 要小。将查询样本分配给实现最小类特定重建误差的类,如式(4-14)所列。

$$id(x)=\arg\min_{c}\{\|\boldsymbol{x}-\boldsymbol{x}\boldsymbol{B}^c\boldsymbol{A}^{c\mathrm{T}}\|_2\}\tag{4-14}$$

4.3 实验结果与分析

4.3.1 数据集

CSPSPCA 方法训练特征提取器后在 NWPU-RESISC45、RSD46-WHU 和 RSSC12 数据集上对所提方法进行了评估。

4.3.2 实验设置

实验过程在不同阶段均采用 ResNet-12 作为骨干网络，其中 ResNet-12 由 4 个残差块（3 个卷积层、BN 层、LeakyReLU 层、2×2 max-pooling 层和 dropout 层）、5×5 平均池化层和 FC 层组成。文中采用动量为 0.9 的随机梯度下降（SGD）优化器，优化器的权值衰减因子大小设置为 1×10^{-4}，学习速率初始化为 0.1，然后在 30、60 和 90 次迭代后分别下降为 0.01、0.001 和 0.000 1。对于公式中的正则化参数 λ_0，λ_1 和 τ，分别设置为 2^{-4}，2^{-8} 和 2^{-12}。

在元测试阶段，本章去掉了 FC 层。此时，特征提取器将为每幅遥感图像输出一个 512 维的特征向量。实验评估了本章方法 N-way K-shot 情况下的性能，其中，子任务数为 600，查询样本数为 15，$N=5$，$K=1$ 或 5。为了保证稀疏 PCA 的基的大小可以超过每类支持集的样本数量，本章对每类支持集的所有样本加上了一个小的噪声，再和每类支持集样本一块参与到稀疏 PCA 的学习当中。

4.3.3 与主流方法对比

将使用的 CSPSPCA 方法与之前的工作[79,88,118,120-127]进行了比较，实验结果如表 4-1～表 4-3 所示。其结果分别展示了

NWPU-RESISC45、RSD46-WHU 和 RSSC12 数据集的小样本分类精度(置信区间为 95%)。

表 4-1　数据集 NWPU-RESISC45 上的小样本分类准确率　单位:%

方法	网络	5-way 1-shot	5-way 5-shot
MatchingNet[118]	Conv-5	37.61	47.10
Meta-SGD[127]	Conv-5	60.63±0.90	75.75±0.65
DLA-MatchNet[108]	Conv-5	68.80±0.70	81.63±0.46
MAML[79]	Resnet-12	56.01±0.87	72.94±0.63
ProtoNet[121]	Resnet-12	62.78±0.85	80.19±0.52
RelationNet[101]	Resnet-12	55.84±0.88	75.78±0.57
TADAM[122]	Resnet-12	62.25±0.79	82.36±0.54
MetaOptNet[88]	Resnet-12	62.72±0.64	80.41±0.41
DSN-MR[123]	Resnet-12	66.93±0.51	81.67±0.49
D-CNN[85]	Resnet-12	36.00±6.31	53.60±5.34
TPN[87]	Resnet-12	66.51±0.87	78.50±0.56
TAE-Net[125]	Resnet-12	69.13±0.83	82.37±0.52
FEAT[126]	Resnet-12	68.27±0.19	83.51±0.11
Meta-Learning[120]	Resnet-12	69.46±0.22	84.66±0.12
CSPSPCA	Resnet-12	70.39±0.55	86.79±0.35

表 4-2　数据集 RSD46-WHU 上的小样本分类准确率　单位：%

方法	网络	5-way 1-shot	5-way 5-shot
MAML[79]	Conv-4	52.57±0.89	71.95±0.71
ProtoNet[121]	Resnet-12	60.53±0.99	77.53±0.73
RelationNet[101]	Resnet-12	53.73±0.95	69.98±0.74
MAML[79]	Resnet-12	54.36±1.04	69.28±0.81
TADAM[122]	Resnet-12	65.84±0.67	82.79±0.54
MetaOptNet[88]	Resnet-12	62.05±0.76	82.60±0.46
DSN-MR[123]	Resnet-12	66.53±0.70	82.74±0.54
D-CNN[85]	Resnet-12	30.93±7.49	58.93±6.14
Meta-Learning[120]	Resnet-12	69.08±0.25	84.10±0.15
CSPSPCA	Resnet-12	70.76±0.66	87.05±0.39

表 4-3　数据集 RSSC12 上的小样本分类准确率　单位：%

方法	网络	5-way 1-shot	5-way 5-shot
ProtoNet[121]	Resnet-12	64.93±0.91	84.35±0.70
MetaOptNet[88]	Resnet-12	64.81±0.91	85.98±0.68
ICI[88]	Resnet-12	66.79±0.87	86.35±0.65
Meta-Learning[120]	Resnet-12	67.89±0.86	85.14±0.66
CSPSPCA	Resnet-12	69.15±0.83	87.04±0.63

由表4-1～表4-3可以看出，CSPSPCA方法在5-way 1-shot和5-way 5-shot情况下均取得了显著的改进。在5-way 1-shot的情况下，CSPSPCA方法在NWPU-RESISC45、RSD46-WHU和RSSC12数据集上的分数准确率分别达到了70.39 %、70.76 %和69.15%。在5-way 5-shot情况下，CSPSPCA在NWPU-RESISC45数据集上达到了86.79%的准确率，在RSD46-WHU数据集上达到了87.05%的准确率，在RSSC12数据集上达到了87.04%的准确率。在NWPU-RESISC45数据集上，1-shot和5-shot情况下的CSPSPCA方法的分类准确率分别至少超过其他方法0.93%和2.13%；在RSD46-WHU数据集上，1-shot和5-shot情况下的CSPSPCA方法的分类准确率分别至少超过其他方法1.68%和2.95%；在RSSC12数据集上，1-shot和5-shot情况下的CSPSPCA方法的分类准确率分别至少超过其他方法1.26%和1.90%。

目前，大多数服务聚类(FSRSC)方法主要侧重于元测试阶段的稳健分类器设计，如MatchingNet、DLA-MatchNet、ProtoNet、RelationNet、MetaOptNet、TPN、DSN-MR等。

本章可视化了CSPSPCA方法在RSSC12数据集上的分类结果，如图4-3所示，CSPSPCA方法的分类准确率为91.90%，有效缓解了小样本遥感图像分类任务中类内“负迁移”问题。

4.3.4 消融实验

本章进行了消融研究来分析超参数λ_0,λ_1和τ，以及字典原子数(nBase)的影响。为了更快地确定实验的最优参数，固定其中3个参数，然后改变了另一个参数。

在5-way 1-shot情况下，NWPU-RESISC45数据集的实验结果如图4-4～图4-7所示。最后，通过实验分析，对于公式中的正则化参数λ_0,λ_1和τ，分别设置为2^{-4},2^{-8}和2^{-12}。

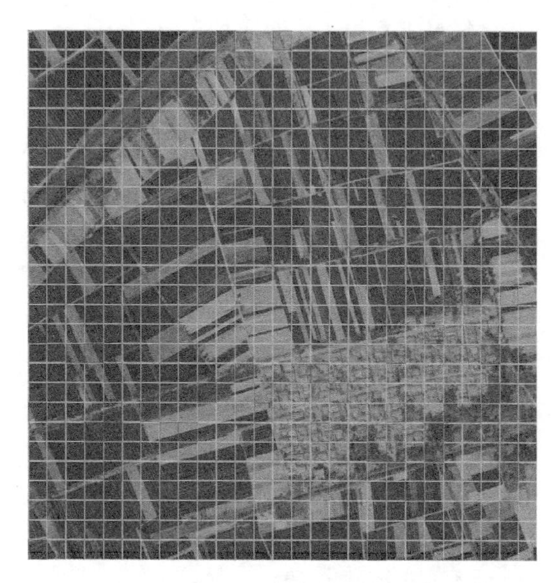

图 4-3 CSPSPCA 方法在 RSSC12 数据集上分类结果可视化示例

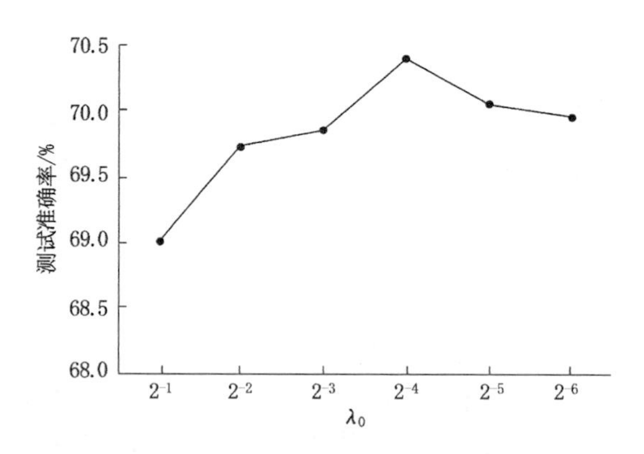

图 4-4 参数 λ_0 的影响(NWPU-RESISC45 数据集)

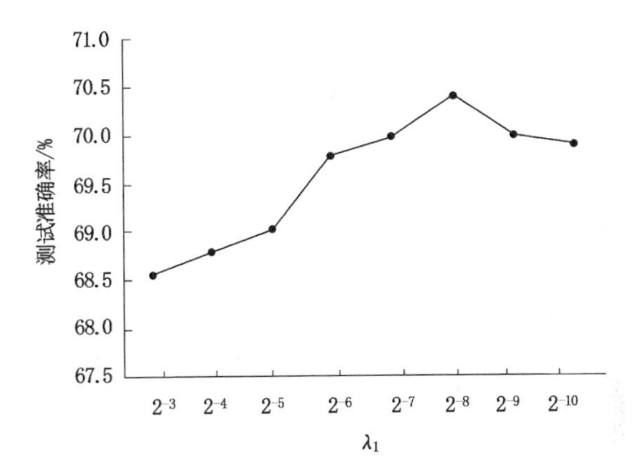

图 4-5　参数 λ_1 的影响（NWPU-RESISC45 数据集）

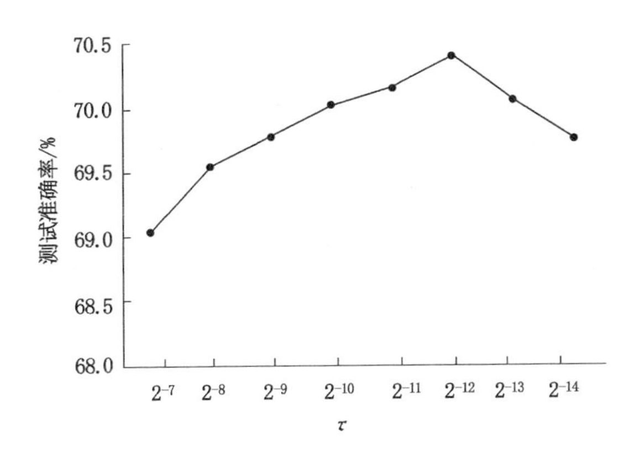

图 4-6　参数 τ 的影响（NWPU-RESISC45 数据集）

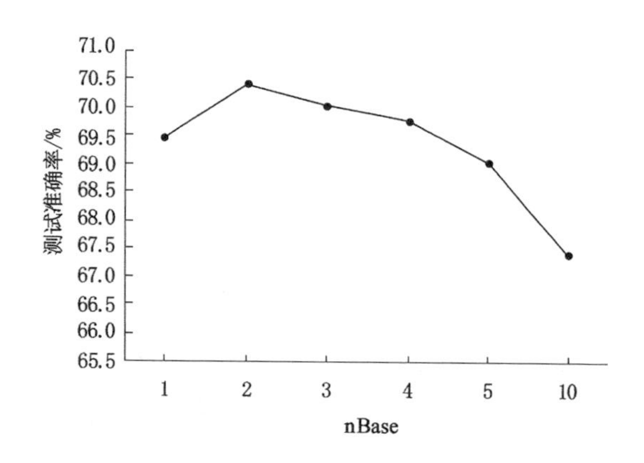

图 4-7 参数 nBase 的影响(NWPU-RESISC45 数据集)

在 5-way 1-shot 情况下,RSD46-WHU 数据集的实验结果如图 4-8～图 4-11 所示。最后,对于公式中的正则化参数 λ_0,λ_1 和 τ,分别设置为 2^{-4},2^{-8} 和 2^{-12}。

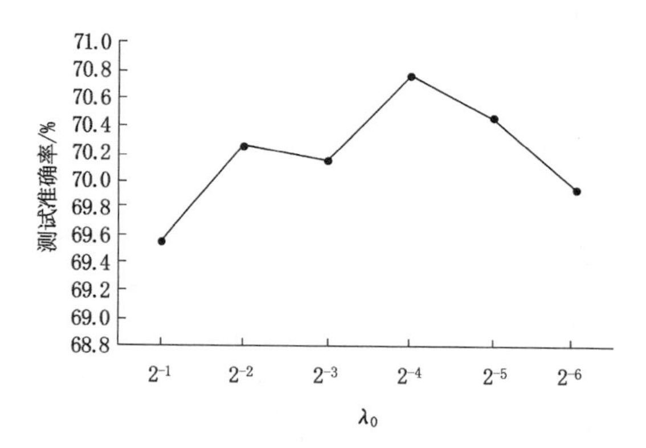

图 4-8 参数 λ_0 的影响(RSD46-WHU 数据集)

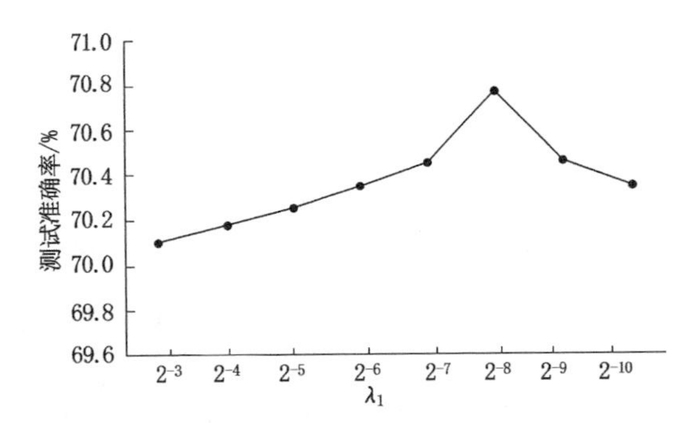

图 4-9　参数 λ_1 的影响(RSD46-WHU 数据集)

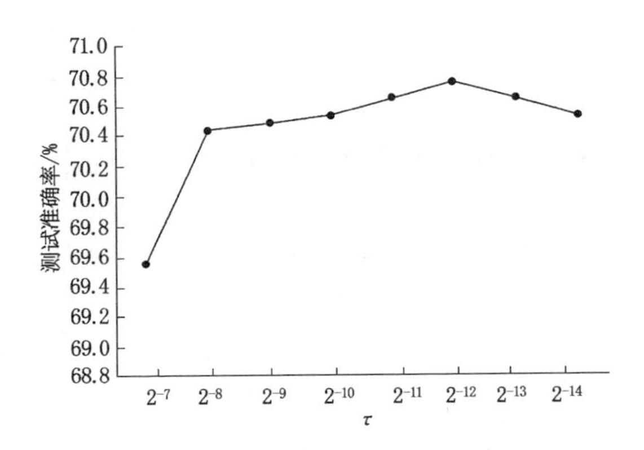

图 4-10　参数 τ 的影响(RSD46-WHU 数据集)

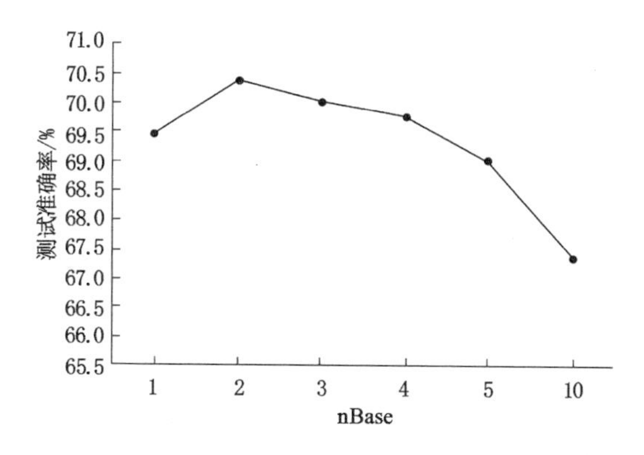

图 4-11　参数 nBase 的影响(RSD46-WHU 数据集)

4.3.5　元测试 shot 的影响

表 4-2 和表 4-3 说明了 5-way 1-shot 和 5-way 5-shot 实例之间的性能异质性。为了进一步研究不同 shot 对性能的影响，从图 4-12 中可以看到，随着 shot 数的增加，CSPSPCA 方法在两个数据集 NWPU-RESISC45 和 RSD46-WHU 上的性能均有提高。

另外，由于 CSPSPCA 方法属于基于度量学习的小样本学习方法，因此一味地增加元测试的 shot 数并不能更加有效地提升性能，主要原因是假设每一类样本都符合高斯分布，因此在 1-shot 情况下会受到离群值的影响，但是在 shot 数增加的时候会逐渐消除个别离群值对性能的影响。在 1-shot 提升至 5-shot 的时候，每增加一个样本都会让性能有所提升，但是在 shot 数增加到一定区间时，性能便无法大幅度地提升，图 4-13 显示了本章的实验在 6-shot 至 10-shot 情况下的性能。另外，随着 shot 数的增加，训练成本也会逐渐增加，同时在实际情况和生产过程中本身也无法得到如此多的有标记的样本。因此，5-shot 是比较符合实际以及准确率比较高的选择。

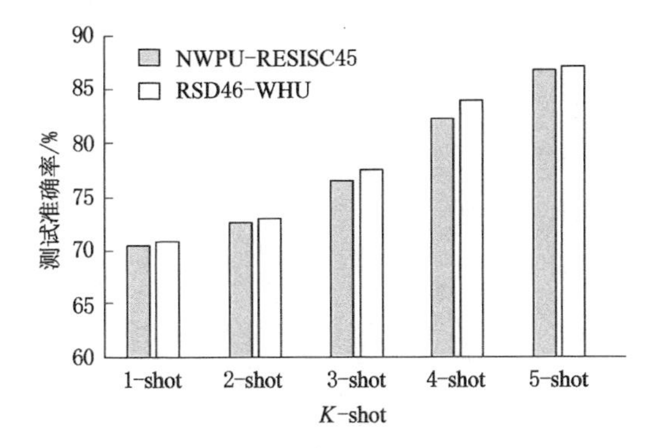

图 4-12　K-shot 的影响(K=1,2,3,4,5)

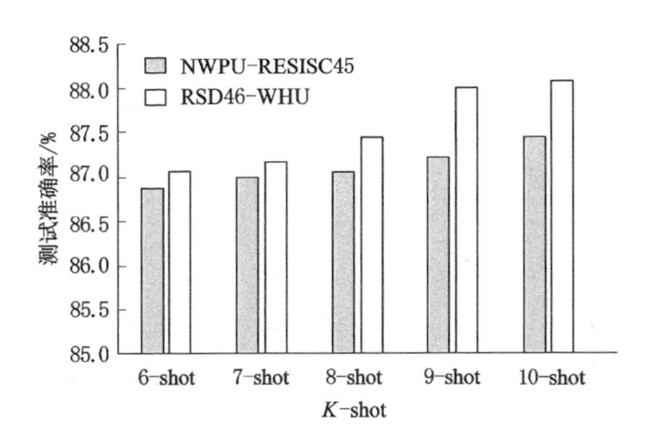

图 4-13　K-shot 的影响(K=6,7,8,9,10)

4.4　本章小结

在 CSPSPCA 方法中使用了一种新的特定类的字典学习方法并应用于小样本遥感图像分类中,该方法采用特定类稀疏 PCA 算法来学习合成字典和分析字典,这两个字典一起工作,对每个特定的类同时进行表示和区分。在两个小样本遥感图像数据集及自行构建的遥感数据集上进行的大量实验证明了本章所使用方法(CSPSPCA 方法)的优越性与鲁棒性,针对 RSSC12 数据集分别进行分类测试及遥感图片的可视化测试,直观展示与客观数据均表明该方法的分类效果优异。

第 5 章　基于自训练的小样本遥感图像分类

5.1　引言

前面 3 章均是从有标记的训练数据来推断遥感图像分类任务的监督学习，本章尝试通过自训练方式，解决小样本数据集样本不足导致分布存在偏差的问题。首先在小样本学习基础上引入自训练算法，构造半监督的子空间学习算法，有效处理半监督的小样本遥感图像分类任务。其次，对自训练算法做出改进，加入无标签样本插入验证环节，从而解决自训练算法在训练过程中存在的错误积累问题，改善了半监督自训练算法的训练效果，提高了小样本遥感图像分类的准确率。最后，将前面章节所述各类分类器算法引入自训练方式，充分利用无标签样本信息改善分类性能。

具体地，本章的主要工作有：

(1) 以支持向量机分类器为例介绍自训练算法，并对自训练算法做出改进，加入无标签样本插入验证环节。实验结果表明，该方法能够较好地提升分类效果。

(2) 将前面章节所述各类分类器算法引入自训练方式，充分利用无标签样本信息，改善小样本遥感图像分类性能。

5.2 支持向量机

支持向量机(SVM)是一种适合中小型数据样本、非线性、高维分类问题的二分类模型。它将不同类别样本的特征(以二维特征样本的二分类问题为例)一起映射为空间中的一些点。SVM 的目的是画出一条区分这两类点的线,以致若出现新的样本,通过这条线也可以很好地对其做出类别划分[153]。

如图 5-1 所示,划分超平面可以描述为线$w^{\mathrm{T}}\boldsymbol{X}+b=0$,其中:$w=\{w_1,w_2,\cdots,w_d\}$是一个法向量,可用于改变超平面方向,$d$ 是特征值的个数,X 是训练样本,b 为位移项,通过调整 b 的大小可以调整超平面与原点之间的距离。

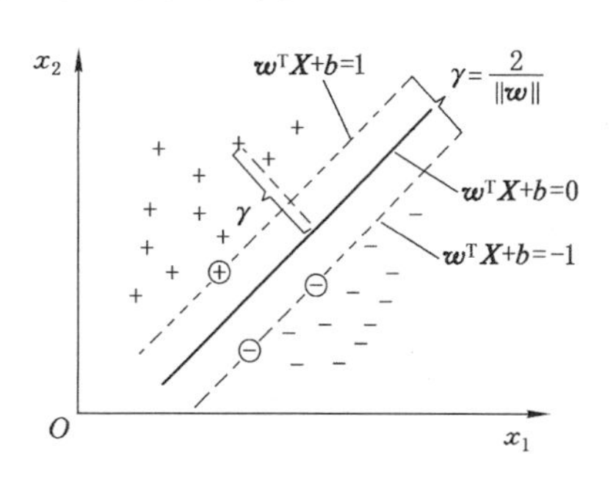

图 5-1 SVM 超平面划分示意图

理论上只要确定了超平面法向量w 与位移 b,就可以画出一个唯一确定的划分超平面。划分超平面与它两侧的边际超平面上任意一点的距离为$\frac{1}{\|w\|}$。再对其进行数学推导,如式(5-1)所示:

$$y_i(w_0+w_1w_2+w_2x_2)>1,\forall i \tag{5-1}$$

可转化为有限制的凸优化问题,通过利用 Karush-Kuhn-

Tucker 条件与拉格朗日公式，可以推导出最大边缘超平面可被描述为以下“决定边界(decision boundary)”[154]：

$$\mathrm{d}(\boldsymbol{X}^{\mathrm{T}}) = \sum_{i=1}^{L}(y_i\alpha_i X_i \boldsymbol{X}^{\mathrm{T}}) + b_0 \tag{5-2}$$

式(5-2)代表的是边际最大化的划分超平面。其中：L 是支持向量点的个数，支持向量点是指位于边际超平面上的点，即只有少量的样本点是支持向量点，大部分点不是，只对支持向量点样本进行求和；X_i 为支持向量点的特征值；y_i 是支持向量点 X_i 的类标签，如+1 或−1；$\boldsymbol{X}^{\mathrm{T}}$ 是要测试的实例，将其代入该式来求解判断类别；α_i 和 b_0 是数值型参数，由上述最优化算法得出，α_i 是拉格朗日乘数。每当有新的测试样本 $\boldsymbol{X}$，将它代入式(5-2)，计算该公式的值，根据结果的符号进行归类。

在线性 SVM 中的最优化计算基本都是通过内积运算进行的，其中 $\varphi(\boldsymbol{X})$是一个将训练集中的特征向量向高维的非线性进行变换的映射函数，由于内积计算较为困难，所以非线性映射函数的内积计算利用核函数计算来取代[155]。图像分类问题通常使用 RBF(高斯径向基核函数)，使用核函数的意义在于降低优化问题求解过程的运算复杂度[156]。

SVM 扩展可解决多类别分类问题：

多类别分类可以采取一对多多分类策略将多类别分类问题转化为多组二分类问题，如图 5-2(a)所示。也可以对输入类别两两设置一个 SVM 分类器，转化为多组二分类问题，即一对一多分类问题，如图 5-2(b)所示。

对于 SVM 分类而言，支持向量的个数决定了训练模型算法复杂度的高低，且其训练得出的分类模型完全依赖于训练中的支持向量，所以 SVM 分类训练不容易产生过拟合，同时，若训练出的支持向量个数较少，那么其分类模型的泛化性将会较强。

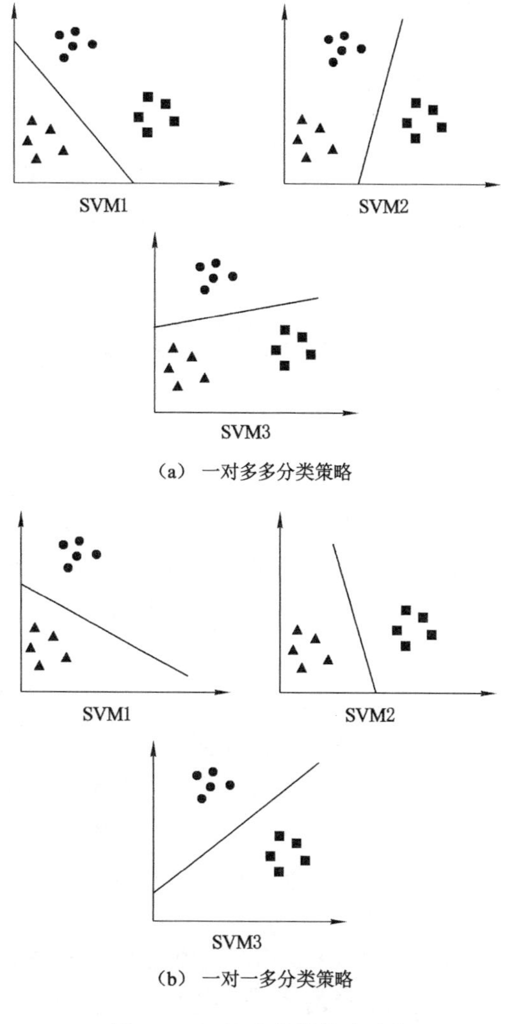

图 5-2　SVM 多分类策略示意

5.3　基于自训练的半监督学习

自训练半监督算法的基本思想是使用部分有标签样本，对基础分类器进行有监督训练，使用训练完成的分类器对无标签样本进行标签预测，伪标签标记，通过一定的排序规则，将伪标签样本依次加入初始的有标签样本集中，重新对分类器进行训练，多次迭代，达到利用无标签样本提高分类准确率的目的。自训练算法具体流程如图 5-3 所示，其中伪标签样本的排序抽选有随机抽取以及依概率顺序抽取等不同的方法，本章采用依照预测概率进行顺序抽取的方法。

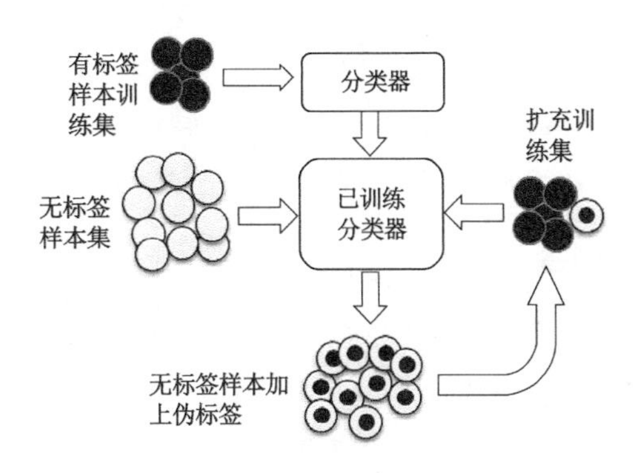

图 5-3　自训练算法流程示意图

自训练算法的无标签样本处理方法的优点是直观简便，其缺点是太过依赖基础分类器性能，若基础分类器分类效果较差，则自训练的最终表现也会很差，甚至会因为加入有着错误伪标签的样本进行训练而导致最终分类准确率远低于有监督算法，如表 5-1 所示。

表 5-1 部分数据集监督与半监督训练测试结果 单位:%

方法	UC Merced	AID
监督	85.42	82.33
自训练(半监督)	87.25	83.22

表 5-1 中是两个数据集分别进行 5-way 5-shot 监督与自训练(半监督)算法训练测试的分类准确率对比,所用基础分类器都是支持向量机。

5.4 改进的自训练半监督算法

为解决自训练过程中由基础分类器性能限制导致的错误积累问题,本章提出在自训练算法中加入伪标签样本插入验证环节,如图 5-4 所示。主要思想是在进行训练集扩充后,对扩充训练集进行训练,并在验证集上做出分类测试,对比扩充前后分类效果,若分类准确率下降则证明该插入样本标签预测错误,将其剔除后选择新的伪标签样本进行插入,保证所插入的伪标签样本预测正确,从而达到避免错误积累的目的。

改进后的自训练算法流程示意图如图 5-4 所示。在训练过程之前,随机选择训练集和验证集,同时选择未标记的样本集。首先,利用初始训练集对分类器进行训练,得到训练后的分类器,利用训练后的分类器预测未标记样本集的标签,并添加伪标签,这一部分类似于一般的半监督算法过程。然后,在使用伪标签样本扩展训练集的步骤中,本章做了一个改进,即使用概率预测估计和排列伪标签样本的置信度,再依次提取样本加入训练集进行数据扩展,并在每次扩展后进行分类验证,使用扩展后的训练集对分类器进行再训练,并对验证集进行分类测试。由于训练集是从初始训练集的扩展而来，而验证集是不变的，因此可以比较扩展前后的分类精度，判断伪标签样本是否存在伪标签标记错误的问题。在训练集成功扩展一次后，对未标记的样本集重新进行标记，以提高伪标签标记的准确性。在达到一定的迭代次数或向训练集中添加最有效的未标记样本后，自我训练过程终止。有效未标记样本是指易于分类且不太接近类别界面的样本。在图 5-5 与图 5-6 中，支持向量样本与分类器划分分类面对测试分类所造成的影响以及本章的方法进行的改进原理与效果做出了详细演示。

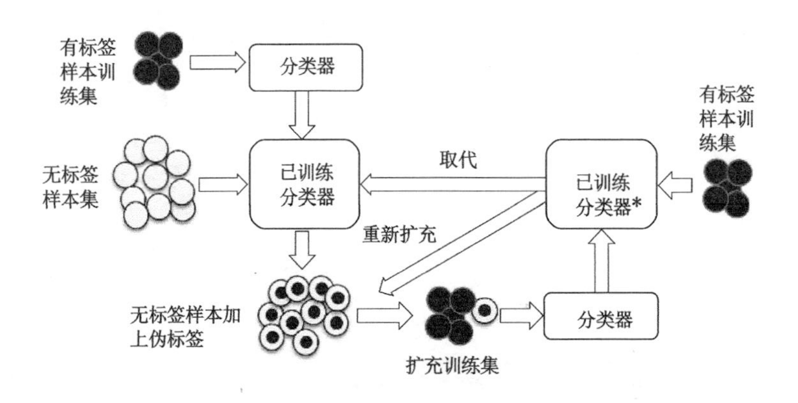

图 5-4　改进后的自训练算法流程示意图

图 5-5 所示为在进行样本插入前，一般有监督训练常出现的由于样本数较少，且样本分布偏差导致的分类面划分不合适，致使测试分类错误的情况。图 5-6 则简明地展示了有效样本插入后对于分类面划分的矫正改善效果，对测试分类准确率的有效提升。

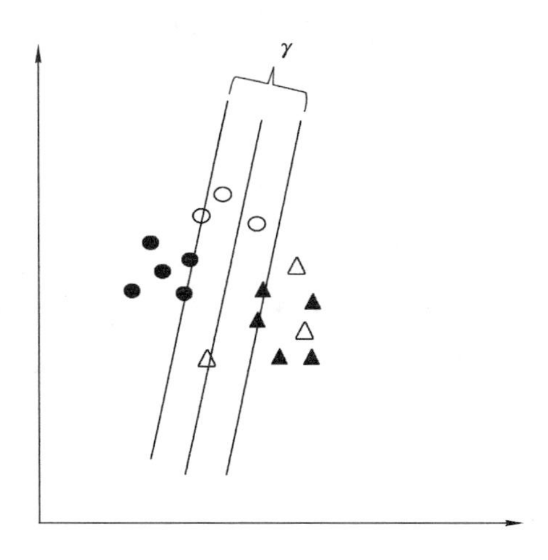

图 5-5　进行样本插入前分类错误情况

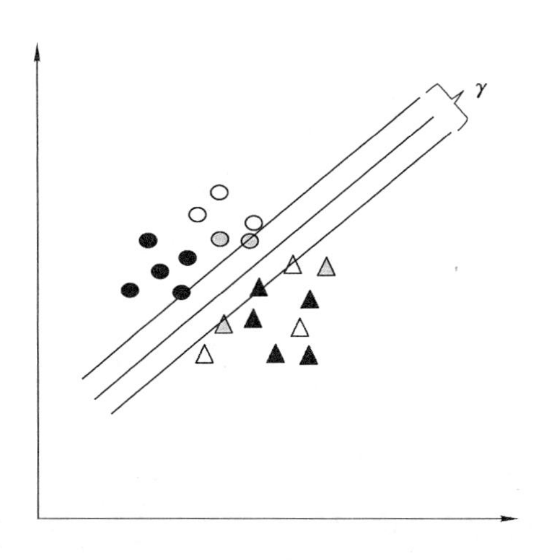

图 5-6　进行有效插入后对分类的纠正改善

注:白色样本点表示测试样本,灰色样本点表示插入样本,黑色样本点为初始训练集样本。

5.5　实验结果与分析

5.5.1　数据集

本章在 UC Merced[157]、AID[158]、WHU-RS19[159]、RSSCN7[131] 以及 RSSC12 这五个遥感图像分类数据集上进行了训练测试。

UC Merced 数据集是一个 21 类土地利用影像数据集。每个图像的尺寸为 256×256 像素，这些图像是从美国国家地图城市地区影像集中手动提取的。UC Merced 数据集部分图像如图 5-7 所示。

图 5-7　UC Merced 数据集部分图像

AID 数据集包含了大量标记的航景图像，为大规模遥感数据集。图像尺寸为 600×600 像素，共包含 30 类场景图像，每一类场景图像有 220～420 张，共 10 000 张。AID 数据集的部分图像如图 5-8 所示。

WHU-RS19 数据集来源于谷歌卫星影像上获取的遥感影像，主要覆盖中国的城市地区。该数据集共有 19 个场景类，共计 1 005 张图像，其中每个类别约有 50 张图像。图像的尺寸为 600×600 像素。WHU-RS19 数据集部分图像如图 5-9 所示。

图 5-8　AID 数据集部分图像

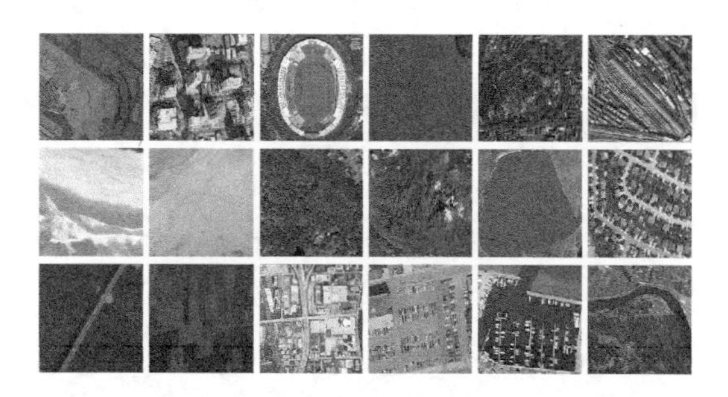

图 5-9　WHU-RS19 数据集部分图像

RSSCN7 数据集包含 2 800 张遥感图像，这些图像来自 7 个典型的场景类别，分别为草地、森林、农田、停车场、住宅区、工业区和河湖，其中每个类别包含 400 张图像，分别基于 4 个不同的尺度进行采样。RSSCN7 数据集部分图像如图 5-10 所示。

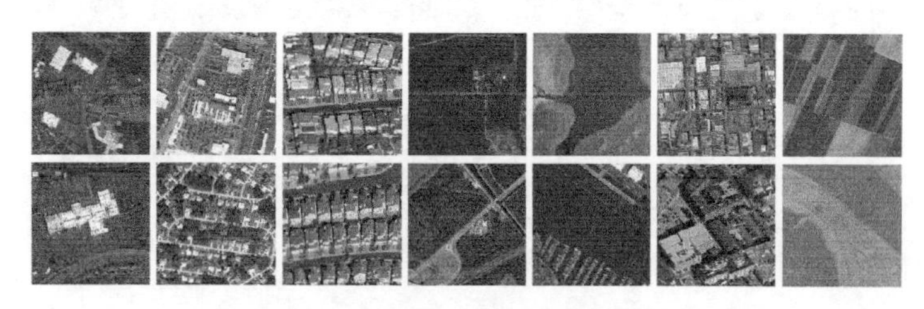

图 5-10　RSSCN7 数据集部分图像

实验时，首先在小样本学习数据集 tiered-imagnet 训练特征提取模型，再将模型在以上 12 类场景下进行测试。

5.5.2　实验设置

本章选取广泛使用的线性分类器作为改进自训练算法的基础分类器，即线性支持向量机分类器，使用基础分类器以验证分析算法本身的表现。为得到分类器对无标签样本预测标签的对应概率，即开启概率预测，本章使用普拉特缩放(Platt Scaling)方法进行概率校准。Platt Scaling 是应用广泛的概率校准方法，它通过将分类结果作为训练集对逻辑回归进行训练，从而得到具体的概率值，在进行概率校准的同时也对分类器进行了交叉验证。

实验中，初始有标签训练集每次都是从数据集中随机抽取 5 个类别，从每个类别中随机抽取 5 个样本，组成有标签训练集，再从这 5 个类别中随机抽取验证集、测试集与无标签样本集。进行多次随机抽样的训练测试，取平均分类准确率作为最终结果。

5.5.3　对比实验

改进后的自训练算法在四个数据集上的训练测试结果如表 5-2 所示，表中还列出了相关的其他模型算法成果用于对比。由表中数据可见，本章方法对于分类准确率有较大提升。此外，本章将改进后的自训练算法与第 2～4 章提出的 3 种方法在 RSSC12 数据集上进行了对比，如表 5-3 所示，本章所提出的改进后的自训练方法取得了最优的结果。

表 5-2　遥感数据集的分类结果　　单位：%

模型	UC Merced	AID	WHU-RS19	RSSCN7
ProtoNet[123]	84.40	85.38	80.71	—
MAML[80]	82.45	79.02	62.99	—

表 5-2(续)

模型	UC Merced	AID	WHU-RS19	RSSCN7
RS-MetaNet	81.23	80.57	—	—
TAE-Net[129]	77.44	—	88.95	—
DeepEMD[110]	85.05	87.80	—	—
MAEMD-Net	88.84	91.89	—	—
SVM+Self-training* (ours)	91.77	89.67	93.31	76.36

表 5-3 数据集 RSSC12 上的小样本分类准确率 单位:%

方法	网络	5-way 1-shot	5-way 5-shot
ProtoNet[123]	Resnet-12	64.93±0.91	84.35±0.70
MetaOptNet[89]	Resnet-12	64.81±0.91	85.98±0.68
ICI[89]	Resnet-12	66.79±0.87	86.35±0.65
MetaLearning[122]	Resnet-12	67.89±0.86	85.14±0.66
CSHDPL	Resnet-12	68.24±0.85	86.81±0.65
CSHSPCA	Resnet-12	68.89±0.85	87.25±0.64
CSPSPCA	Resnet-12	69.15±0.83	87.04±0.63
SVM+Self-training	Resnet-12	71.54±0.82	87.58±0.62
CSHDPL+Self-training	Resnet-12	72.10±0.82	88.15±0.63
CSHSPCA+Self-training	Resnet-12	72.58±0.83	88.66±0.61
CSPSPCA+Self-training	Resnet-12	72.90±0.83	88.89±0.61

此外,本章对 CSHDPL、CSHSPCA、CSPSPCA 算法分别进行了自监督训练,并可视化了分类结果,如图 5-11～图 5-13 所示。添加自训练算法后,CSHDPL+Self-training 方法的分类准确率为 93.14%、CSHSPCA+Self-training 方法的分类准确率为 94.10%、CSPSPCA+Self-training 方法的分类准确率为 94.65%,与

未添加自训练算法的结果相比分别提升了 3.70%、2.88%、2.75%。实验证明，无标签验证可以有效缓解自训练算法中的错误积累问题，在增强学习到特征的鲁棒性的基础上，提高分类精确度。

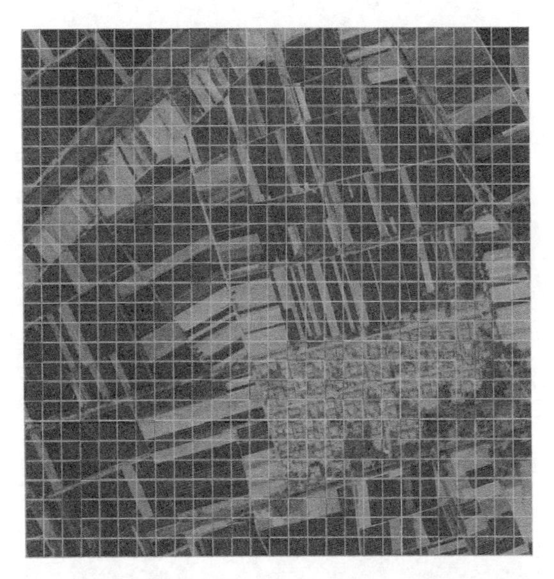

图 5-11　CSHDPL＋Self-training 方法在 RSSC12 数据集上分类结果可视化示例

5.5.4　测试结果混淆矩阵图

为了更好地体现本章所提算法的分类性能，接下来将展示不同数据集部分测试结果混淆矩阵图。

如图 5-14～图 5-17 所示，不同数据集的两次测试结果混淆矩阵反映出两次抽样中整体的分类准确率与各个类各自的分类准确率，以及某个类别容易被误分类为哪一个类别的情况。

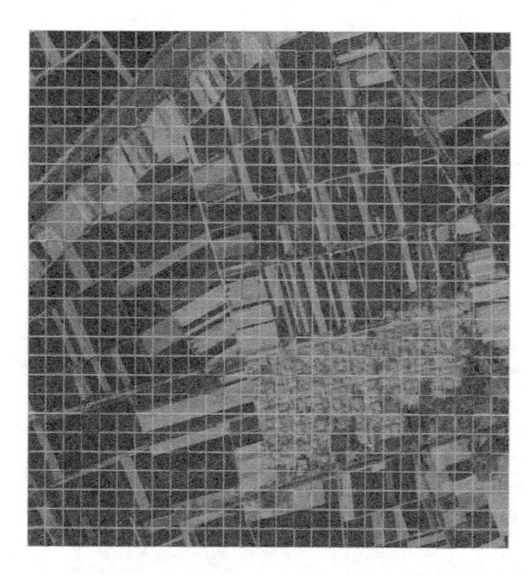

图 5-12　CSHSPCA+Self-training 方法在 RSSC12 数据集上分类结果可视化示例

图 5-13　CSPSPCA+Self-training 方法在 RSSC12 数据集上分类结果可视化示例

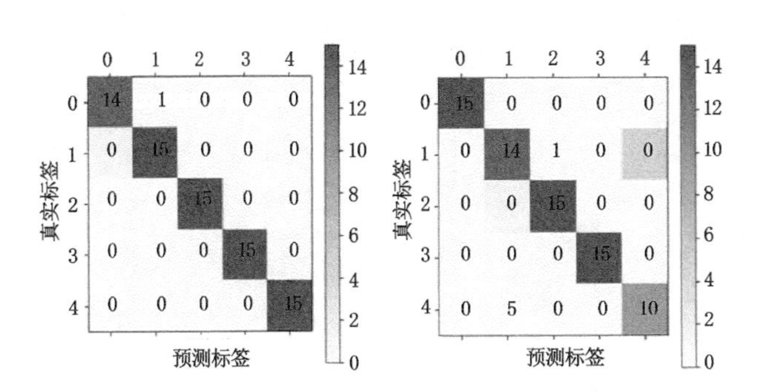

图 5-14　UC Merced 数据集两次测试结果混淆矩阵

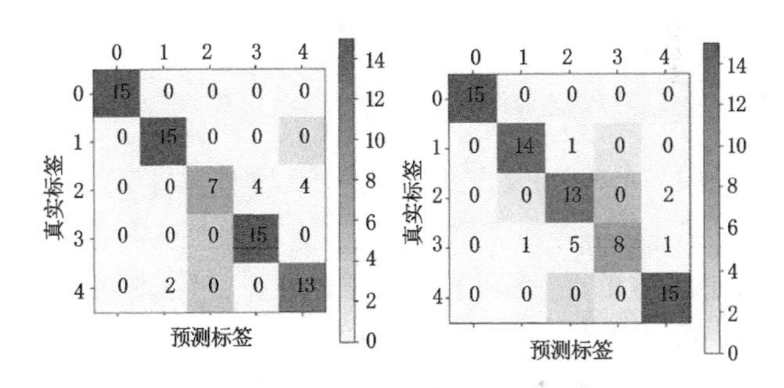

图 5-15　AID 数据集两次测试结果混淆矩阵

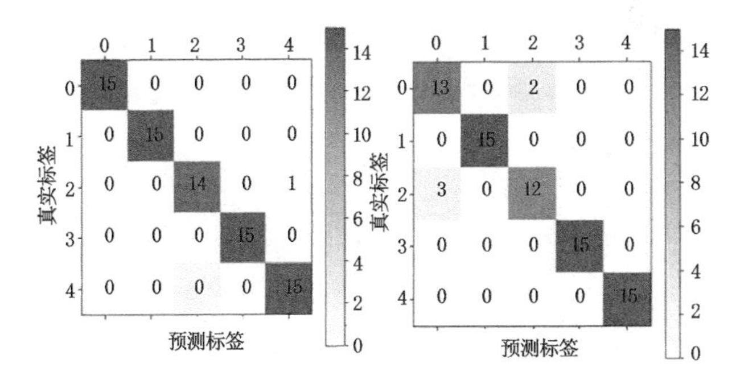

图 5-16　WHU-RS19 数据集两次测试结果混淆矩阵

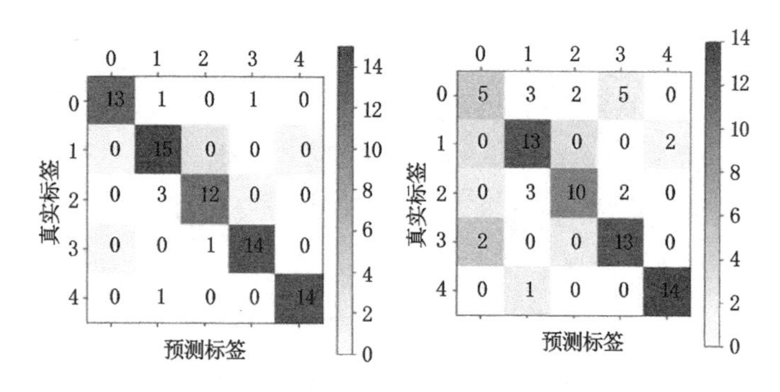

图 5-17　RSSCN7 数据集两次测试结果混淆矩阵

5.5.5　无标签样本有效插入数对实验结果的影响

由图 5-18 和图 5-19 可见，随着无标签样本有效插入数的增加，分类准确率也在不断上升，当样本插入数达到一定程度后，分类准确率达到峰值，最高可达到甚至要略高于大样本监督训练的分类准确率。这是因为插入样本的选择过程中，只保留了对提升分类准确率有利的样本对分类器进行训练。

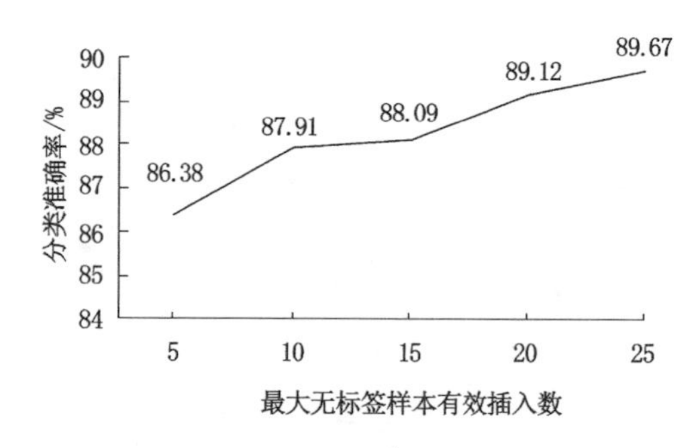

图 5-18　AID 数据集分类准确率与最大无标签样本有效插入数折线图

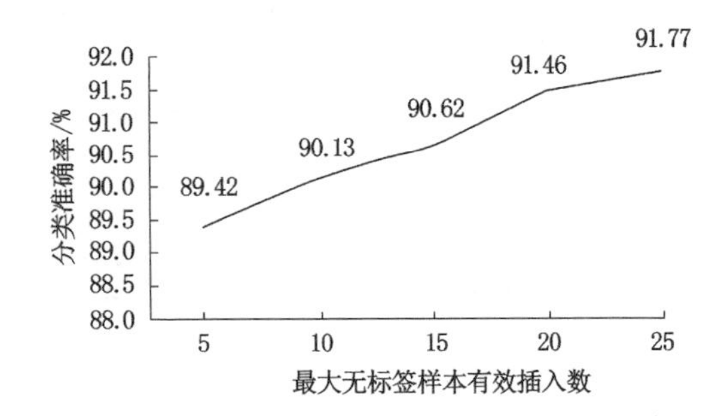

图 5-19　UC Merced 数据集分类准确率与最大无标签样本有效插入数折线图

5.6　本章小结

本章采取与第 2～4 章相同方案，均在小样本数据集学习中加入子空间学习，来改善特征提取与分类器设计效果。这里，在第 2～4 章分类理论基础上，分别进行了半监督的小样本图像分类实验，使用自训练算法进行半监督学习，对自训练算法做出了改进，解决了自训练算法存在的训练过程中错误积累的问题，在 4 个公有遥感数据集及构建的新遥感实景数据集上进行图像分类测试，本章所提算法得到了较高的分类准确率，并进一步进行了可视化分类效果图展示，其效果也最为理想。

第6章　总结与展望

6.1　总结

以深度学习为代表的人工智能已经在许多领域取得了瞩目的成就。但是面对日常生活以及工业生产等许多方面,获取深度学习成功的条件之一——大规模有监督数据短缺及难以获得,或者说获取成本非常大,因此小样本学习方法便登上舞台并发挥作用。

本书聚焦于使用子空间学习的方法对小样本遥感图像数据进行分类,提出了多种解决方法,并且在多个公有数据集和自构造遥感数据集上进行测试实验与图片可视化实验,全方位展示了方法的有效性。

(1) 针对“负迁移”问题中数据类间分布鉴别性不强的问题,本书提出了两种方案:共享类字典学习和共享类稀疏PCA。这两种方案通过将子空间学习与分类器设计合并,将所有样本特征映射到子空间,并在子空间中完成分类面的求解。该方案充分考虑了特征的分布以及标签信息,通过子空间学习将特征映射到类与类之间更具鉴别性的子空间。通过实验验证,这两种方案有效地改善了各类样本间的鉴别性,提升了小样本遥感图像分类性能。

(2) 针对“负迁移”问题中各类数据内聚集性不足的问题,本书提出了特定类稀疏 PCA 的方案，通过对每类子空间学习将同类特征映射到相同的子空间，有利于揭示数据的内部结构，减少同类特征的类内散度。此外，该方案还引入类间鉴别性损失函数项，有利于增大不同类特征的类间区分度。实验结果证明，该方案取得了令人满意的小样本遥感图像分类性能。

（3）本书使用 ADMM 算法对上述所提出的共享类稀疏 PCA、共享类字典学习和特定类稀疏 PCA 算法进行优化，该方法能够有效地完成算法优化。

（4）针对小样本遥感图像分类中含标签样本分布与各类样本实际分布存在偏差的问题，引入了无标签数据，修正了样本的分布。通过设计基于自训练的半监督学习算法，改善了小样本遥感图像分类的性能。此外，本书在自训练算法中引入了无标签样本插入验证环节，解决了自训练过程中存在的错误积累问题。

（5）本书提出了一种自监督学习来辅助训练特征提取网络。通过构造自监督损失函数，提高特征提取器在训练样本较少的情况下的鲁棒性，并使其更适合下游任务。

（6）本书根据山东省国土局 2014 年 5 月生产的航摄数字正射影像图和 2014 年滨州市北区航摄项目的遥感图像，构建了遥感数据集 RSSC12；并将数据集分为农田、河流、房屋、道路、池塘、树木、大棚、车、山地、体育场、未耕种农田、海岸线区域共 12 类场景，每类场景图片尺寸为 84×84 像素；用于进一步验证所提方法的实用性与有效性，从统计数据和可视化展示可以看出，遥感数据集 RSSC12 的分类效果均超过公有数据集。

6.2　展望

本书的核心是针对小样本遥感场景分类任务中，预训练模型在测试集上提取的特征鉴别性不足和样本分布偏离实际数据分布的两方面问题提出相应的策略。然而，在真实应用中，虽然子空间学习方法可以有效解决“负迁移”问题，但是还会面临“长尾”问题和类别不平衡问题。这些问题可以通过重采样，对不同类的损失设置不同的权重以及调整训练策略的方式来完成。另外，本书重点关注了提取特征后的数据处理，对于特征提取网络，只是简单使用了 Resnet 网络和对比损失等完成。神经网络的架构设计，尤其是基于对比学习的无监督网络结构的设计是一个值得关注的方向。

本书只关注小样本遥感图像分类问题，而其他问题，例如小样本遥感图像目标检测问题、小样本高光谱图像分割问题也是未来探索的一个方向。

总之，小样本学习面临的困难与挑战远不止这些，当前小样本学习的范式仍然被不断地更新，因此我们也会继续关注和探索这一领域的发展。

参考文献

[1] MATHER P M. Computer processing of remotely-sensed images[M]. 4th ed. [S. l.]:Wiley,2011.

[2] ZAVOROTNY V U,GLEASON S,CARDELLACH E,et al. Tutorial on remote sensing using GNSS bistatic radar of opportunity[J].IEEE geoscience and remote sensing magazine, 2014,2(4):8-45.

[3] CHAKRABORTY S,PHUKAN J,ROY M,et al.Handling the class imbalance in land-cover classification using bagging-based semisupervised neural approach[J].IEEE geoscience and remote sensing letters,2020,17(9):1493-1497.

[4] NASRABADI N M.Hyperspectral target detection:an overview of current and future challenges[J].IEEE signal processing magazine,2013,31(1):34-44.

[5] WILLETT R M,DUARTE M F,DAVENPORT M A,et al. Sparsity and structure in hyperspectral imaging: sensing, reconstruction,and target detection[J].IEEE signal processing magazine,2014,31(1):116-126.

[6] ZHANG L F,ZHANG L P,TAO D C,et al. Hyperspectral remote sensing image subpixel target detection based on supervised metric learning[J].IEEE transactions on geoscience

and remote sensing,2014,52(8):4955-4965.

[7] LIU Y,WU L Z.Geological disaster recognition on optical remote sensing images using deep learning[J]. Procedia computer science,2016,91:566-575.

[8] JHA M N,LEVY J,GAO Y. Advances in remote sensing for oil spill disaster management:state-of-the-art sensors technology for oil spill surveillance[J].Sensors(Basel,Switzerland),2008,8(1):236-255.

[9] RWANGA S S,NDAMBUKI J M. Accuracy assessment of land use/land cover classification using remote sensing and GIS[J]. International journal of geosciences,2017,8(4):611-622.

[10] 崔璐,张鹏,车进.基于深度神经网络的遥感图像分类算法综述[J].计算机科学,2018,45(增刊 1):50-53.

[11] CHENG G,HAN J W,GUO L,et al. Effective and efficient midlevel visual elements-oriented land-use classification using VHR remote sensing images[J].IEEE transactions on geoscience and remote sensing,2015,53(8):4238-4249.

[12] HAN J,MA K K. Fuzzy color histogram and its use in color image retrieval[J]. IEEE transactions on image processing,2002,11(8):944-952.

[13] OJALA T,PIETIKAINEN M,MAENPAA T.Multiresolution gray-scale and rotation invariant texture classification with local binary patterns[J].IEEE transactions on pattern analysis and machine intelligence,2002,24(7):971-987.

[14] ZHU Q Q,ZHONG Y F,LIU Y F,et al.A deep-local-global feature fusion framework for high spatial resolution imagery scene classification[J]. Remote sensing,2018,10(4):568-589.

[15] ZHANG F, DU B, ZHANG L P. Saliency-guided unsupervised feature learning for scene classification[J]. IEEE transactions on geoscience and remote sensing, 2015, 53(4): 2175-2184.

[16] CELIK T. Unsupervised change detection in satellite images using principal component analysis and k-means clustering [J]. IEEE geoscience and remote sensing letters, 2009, 6(4): 772-776.

[17] JAIN A K. Data clustering: 50 years beyond K-means[J]. Pattern recognition letters, 2010, 31(8): 651-666.

[18] OLSHAUSEN B A, FIELD D J. Sparse coding of sensory inputs[J]. Current opinion in neurobiology, 2004, 14(4): 481-487.

[19] 朱啸天，张艳珠，王凡迪．一种基于稀疏自编码网络的数据降维方法研究[J]．沈阳理工大学学报，2016，35(5)：39-43.

[20] MAHENDRAN A, VEDALDI A. Visualizing deep convolutional neural networks using natural pre-images[J]. International journal of computer vision, 2016, 120(3): 233-255.

[21] KRIZHEVSKY A, SUTSKEVER I, HINTON G E. ImageNet classification with deep convolutional neural networks[J]. Communications of the ACM, 2017, 60(6): 84-90.

[22] HU Q, WU W B, XIA T, et al. Exploring the use of google earth imagery and object-based methods in land use/cover mapping[J]. Remote sensing, 2013, 5(11): 6026-6042.

[23] SUN L Y, SCHULZ K. The improvement of land cover classification by thermal remote sensing[J]. Remote sensing, 2015, 7(7): 8368-8390.

[24] ZHU Q Q, ZHONG Y F, ZHAO B, et al. Bag-of-visual-words scene classifier with local and global features for high

spatial resolution remote sensing imagery[J].IEEE geoscience and remote sensing letters,2016,13(6):747-751.

[25] 程红芳,章文波,陈锋.植被覆盖度遥感估算方法研究进展[J]. 国土资源遥感,2008,20(1):13-18.

[26] BECHTEL B, DEMUZERE M, STEWART I D. A Weighted accuracy measure for land cover mapping: comment on Johnson et al. local climate zone (LCZ) map accuracy assessments should account for land cover physical characteristics that effect the local thermal environment[J]. Remote sensing, 2019, 12(11): 1769-1785.

[27] GHORBANZADEH O, BLASCHKE T, GHOLAMNIA K, et al. Evaluation of different machine learning methods and deep-learning convolutional neural networks for landslide detection[J]. Remote sensing, 2019, 11(2): 196-209.

[28] SOLARI L, SOLDATO M D, RASPINI F, et al. Review of satellite interferometry for landslide detection in Italy[J]. Remote sensing, 2020(12): 1351-1364.

[29] MANFREDA S, MCCABE M, MILLER P, et al. On the use of unmanned aerial systems for environmental monitoring [J]. Remote sensing, 2018, 10(4): 641.

[30] POŁAP D, WŁODARCZYK-SIELICKA M, WAWRZYNIAK N. Automatic ship classification for a riverside monitoring system using a cascade of artificial intelligence techniques including penalties and rewards[J]. ISA transactions, 2022, 121: 232-239.

[31] POLAP D, WLODARCZYK-SIELICKA M. Classification of non-conventional ships using a neural bag-of-words mechanism [J]. Sensors (Basel, Switzerland), 2020, 20(6): 1608.

[32] ZHANG W, TANG P, ZHAO L J. Remote sensing image scene classification using CNN-CapsNet[J]. Remote sensing, 2019, 11(5): 494.

[33] 徐希岩. 基于深度学习的小样本图像分类研究[D]. 哈尔滨: 东北林业大学, 2018.

[34] 常东良. 基于深度学习的小样本图像分类方法研究[D]. 兰州: 兰州理工大学, 2019.

[35] 郑欣悦. 基于深度学习的少样本图像分类方法[D]. 北京: 中国科学院大学, 2019.

[36] KHALDI B, AIADI O, KHERFI M L. Combining colour and grey-level co-occurrence matrix features: a comparative study[J]. Image processing, IET, 2019, 13(9): 1401-1410.

[37] CHENG G, XIE X X, HAN J W, et al. Remote sensing image scene classification meets deep learning: challenges, methods, benchmarks, and opportunities[J]. IEEE journal of selected topics in applied earth observations and remote sensing, 2020, 13: 3735-3756.

[38] LOWE D G. Distinctive image features from scale-invariant keypoints[J]. International journal of computer vision, 2004, 60(2): 91-110.

[39] MIRAMONTES-JARAMILLO D, KOBER V I, DIAZ-RAMIAZ V H, et al. A novel image matching algorithm based on sliding histograms of oriented gradients[J]. Journal of communications technology and electronics, 2014, 59(12): 1446-1450.

[40] SUN H, SUN X, WANG H Q, et al. Automatic target detection in high-resolution remote sensing images using spatial sparse coding bag-of-words model[J]. IEEE geoscience and remote sensing letters, 2012, 9(1): 109-113.

[41] CHEN S, LI X, CHI S, et al. Ship target discrimination in SAR images based on BOW model with multiple features and spatial pyramid matching[J]. IEEE access, 2020, 8: 166071-166082.

[42] CHEN Y, NASRABADI N M, TRAN T D. Hyperspectral image classification via kernel sparse representation[J]. IEEE transactions on geoscience and remote sensing, 2013, 51(1): 217-231.

[43] 万意,李长春,赵旭辉,等. 基于 SVM 的光学遥感影像分类与评价[J]. 测绘地理信息,2018,43(6):74-77.

[44] MAULIK U, CHAKRABORTY D. A self-trained ensemble with semisupervised SVM: an application to pixel classification of remote sensing imagery[J]. Pattern recognition, 2011, 44(3): 615-623.

[45] BELGIU M, DRAGUT L. Random forest in remote sensing: a review of applications and future directions[J]. ISPRS journal of photogrammetry and remote sensing, 2016, 114: 24-31.

[46] 马鑫,汪西原,胡博.基于 ENVI 的 CART 自动决策树多源遥感影像分类:以北京市为例[J].宁夏工程技术, 2017, 16(1):63-66.

[47] BARTLETT M S, MOVELLAN J R, SEJNOWSKI T J. Face recognition by independent component analysis[J]. IEEE transactions on neural networks, 2002, 13(6): 1450-1464.

[48] ZHU Q Q, ZHONG Y F, ZHAO B, et al. Bag-of-visual-words scene classifier with local and global features for high spatial resolution remote sensing imagery[J]. IEEE geoscience and remote sensing Letters, 2016, 13(6): 747-751.

[49] BRUNO A O, DAVID J F. Sparse coding with an overcomplete

basis set:a strategy employed by V1? [J].Vision research, 1997,37(23):3311-3325.

[50] HINTON G E, SALAKHUTDINOV R R. Reducing the dimensionality of data with neural networks [J].Science (New York),2006,313(5786):504-507.

[51] 张国东,周浩,方淇,等.基于栈式自编码神经网络对高光谱遥感图像分类研究[J]. 红外技术,2019,41(5):450-456.

[52] LECUN Y,BOSER B,DENKER J S,et al. Backpropagation applied to handwritten zip code recognition[J]. Neural computation, 1989,1(4):541-551.

[53] CHENG S,ZHOU G. Facial expression recognition method based on improved VGG convolutional neural network[J]. International journal of pattern recognition and artificial intelligence,2019,34(7):656-671.

[54] LI C G,FU L,ZHU Q,et al. Attention enhanced U-Net for building extraction from farmland based on google and worldView-2 remote sensing images[J]. Remote sensing, 2021,13(21)4411-4415.

[55] SHAFIQ M, GU Z Q. Deep residual learning for image recognition: a survey [J]. Applied sciences-basel, 2022, 12 (18):972-983.

[56] LI W M, LIU H Y, WANG Y, et al. Deep learning-based classification methods for remote sensing images in urban built-up areas[J]. IEEE access,2019,7:36274-36284.

[57] HINTON G E. A practical guide to training restricted boltzmann machines[M]//Lecture notes in computer science. Berlin, Heidelberg:Springer Berlin Heidelberg,2012:599-619.

[58] MILLER E G, MATSAKIS N E, VIOLA P A. Learning

from one example through shared densities on transforms [C]//Proceedings IEEE Conference on Computer Vision and Pattern Recognition. CVPR 2000 (Cat. No. PR00662). June 15-15, 2000. Hilton Head Island, SC: IEEE, 2002: 464-471.

[59] SCHWARTZ E, KARLINSKY L, SHTOK J, et al. Delta encoder: An effective sample synthesis method for few-shot object recognition[C]//32nd Conference on Neural Information Processing Systems (NIPS). [S. l. : s. n.], 2018: 2850-2860.

[60] DOUZE M, SZLAM A, HARIHARAN B, et al. Low-shot learning with large-scale diffusion [C]//2018 IEEE/CVF Conference on Computer Vision and Pattern Recognition. June 18-23, 2018, Salt Lake City, UT, USA. IEEE, 2018: 3349-3358.

[61] KWITT R, HEGENBART S, NIETHAMMER M.One-shot learning of scene locations via feature trajectory transfer[C]// 2016 IEEE Conference on Computer Vision and Pattern Recognition (CVPR). June 27-30, 2016. Las Vegas, NV, 2016: 78-86.

[62] LIU B, WANG X D, DIXIT M, et al. Feature space transfer for data augmentation[C]//2018 IEEE/CVF Conference on Computer Vision and Pattern Recognition.June 18-23, 2018. Salt Lake City, UT: IEEE, 2018: 9090-9098.

[63] PFISTER T, CHARLES J, ZISSERMAN A. Domain-adaptive discriminative one-shot learning of gestures[J].Lecture notes in computer science, 2014, 8694(1): 814-829.

[64] WU Y, LIN Y T, DONG X Y, et al. Exploit the unknown gradually: one-shot video-based person re-identification by stepwise learning [C]//2018 IEEE/CVF Conference on

Computer Vision and Pattern Recognition.June 18-23,2018. Salt Lake City,UT:IEEE,2018:5177-5186.

[65] FU Y W,HOSPEDALES T M,XIANG T,et al. Transductive multi-view zero-shot learning[J].IEEE transactions on pattern analysis and machine intelligence,2015,37(11):2332-2345.

[66] CHEN Z T,FU Y W,ZHANG Y D,et al. Multi-level semantic feature augmentation for one-shot learning[J]. IEEE transactions on image processing,2019,28(9):4594-4605.

[67] TSAI Y H H,SALAKHUTDINOV R. Improving one-shot learning through fusing side information[EB/OL](2018-1-23)[2022-5-10]. https://arxiv. org/abs/1710. 08347.

[68] GAO H,SHOU Z,ZAREIAN A,et al.Low-shot learning via covariance-preserving adversarial augmentation networks[C]// Proceedings of the 32nd International Conference on Neural Information Processing Systems. December 3-8,2018,Montréal, Canada.New York:ACM,2018:983-993.

[69] GOODFELLOW I,POUGET-ABADIE J,MIRZA M,et al. Generative adversarial nets[C]//Advances in neural information processing systems. [S. l. :s. n.],2014:2672-2680.

[70] ALFASSY A,KARLINSKY L,AIDES A,et al. LaSO:label-set operations networks for multi-label few-shot learning[C]//2019 IEEE/CVF Conference on Computer Vision and Pattern Recognition (CVPR).June 15-20, 2019, Long Beach, CA: IEEE,2020:6541-6550.

[71] XIAN Y Q,KORBAR B,DOUZE M,et al. Generalized few-shot video classification with video retrieval and feature generation[J].IEEE transactions on pattern analysis and machine intelligence,2022,44(12):8949-8961.

[72] YALNIZ I Z,JÉGOU H,CHEN K,et al. Billion-scale semi-supervised learning for image classification [EB/OL]. (2019-5-2)[2022-4-2]. https://arxiv. org/abs/1905. 00546.
[73] ARIK S,CHEN J,PENG K,et al. Neural voice cloning with a few samples[C]//Advances in neural information processing systems. [S. l. :s. n.],2018:10019-10029.
[74] KESHARI R, VATSA M, SINGH R, et al. Learning structure and strength of CNN filters for small sample size training[C]//2018 IEEE/CVF Conference on Computer Vision and Pattern Recognition. June 18-23,2018. Salt Lake City,UT:IEEE,2018:9349-9358.
[75] YOO D, FAN H Q, BODDETI V, et al. Efficient K-shot learning with regularized deep networks[EB/OL].(2017-10-6)[2022-4-2]. https://doi. org/10. 48550/arXiv. 1710. 02277.
[76] WANG Y X, HEBERT M. Learning to learn: model regression networks for easy small sample learning [C]//European conference on computer vision.[S. l. :s. n.],2016:616-634.
[77] HOFFMAN J, TZENG E, DONAHUE J, et al. One-shot adaptation of supervised deep convolutional models [EB/OL]. (2014-2-18)[2022-7-16]. https://arxiv. org/pdf/1312. 6204. pdf.
[78] AZADI S,FISHER M,KIM V,et al.Multi-content GAN for few-shot font style transfer[C]//2018 IEEE/CVF Conference on Computer Vision and Pattern Recognition. Salt Lake City, UT:IEEE,2018:7564-7573.
[79] FINN C,ABBEEL P,LEVINE S. Model-agnostic meta-learning for fast adaptation of deep networks[EB/OL].(2017-7-18)[2022-12-16]. https://arxiv. org/pdf/1703. 03400. pdf.
[80] SONG X,GAO W,YANG Y,et al. Es-maml:simple hessian-free

meta learning[EB/OL].(2020-7-7)[2022-12-20].https://arxiv.org/pdf/1910.01215.pdf.

[81] JIANG Y, KONECNY J, RUSH K, et al. Improving federated learning personalization via model agnostic meta learning [EB/OL].(2023-1-18)[2023-2-10].https://arxiv.org/pdf/1909.12488.pdf.

[82] SINGH BEHL H, GUNES BAYDIN A, TORR P H S. Alpha MAML: adaptive model-agnostic meta-learning [EB/OL].(2019-5-17)[2022-10-9]. https://arxiv.org/pdf/1905.07435.pdf.

[83] RAJESWARAN A, FINN C, KAKADE S M, et al. Meta-learning with implicit gradients[C]//Advances in neural information processing systems. [S.l.:s.n.],2019:113-124.

[84] ZHOU P, YUAN X, XU H, et al. Efficient meta learning via minibatch proximal update[C]//Advances in neural information processing systems. [S.l.:s.n.],2019:1532-1542.

[85] LEE K, MAJI S, RAVICHANDRAN A, et al. Meta-learning with differentiable convex optimization[C]//IEEE conference on computer vision and pattern recognition. [S.l.:s.n.],2019:10657-10665.

[86] BERTINETTO L, HENRIQUES J F, TORR P H S, et al. Meta-learning with differentiable closed-form solvers[EB/OL]. (2019-7-24)[2022-10-21]. https://arxiv.org/pdf/1805.08136.pdf.

[87] LIU Y B, LEE J H, PARK M, et al. Learning to propagate labels: transductive propagation network for few-shot learning[EB/OL].(2019-2-8)[2022-10-21]. https://arxiv.org/pdf/1805.10002.pdf.

[88] ANDREI A R, DUSHYANT R, JAKUB S, et al. Meta-

learning with latent embedding optimization [EB/OL]. (2019-3-26)[2022-10-22]. https://arxiv. org/pdf/1807. 05960. pdf.

[89] SNELL J, SWERSKY K, ZEMEL R S. Prototypical networks for few-shot learning[C]//Advances in neural information processing systems. [S. l. : s. n.], 2017: 4077-4087.

[90] ORESHKIN B N, ROSTAMZADEH N, PINHEIRO P O, et al. CLAREL: Classification via retrieval loss for zero-shot learning[C]//IEEE/CVF conference on computer vision and pattern recognition workshops.[S. l. : s. n.], 2020: 3989-3993.

[91] REN M, RAVI S, TRIANTAFLLLOU E, et al. Metalearning for semi-supervised few-shot classification[C]//Conference on learning representations. [S. l. : s. n.], 2018.

[92] WANG Y X, GIRSHICK R, HEBERYT M, et al. Low-shot learning from imaginary data[C]//IEEE/CVF Conference on computer vision and pattern recognition. [S. l. : s. n.], 2018: 7278-7286.

[93] VINYALS O, BLUNDELL C, LILLICRAP T, et al. Matching networks for one shot learning [C]//Advances in neural information processing systems. [S. l. : s. n.], 2016: 3630-3638.

[94] ALTAE-TRAN H, RAMSUNDAR B, PAPPU A S, et al. Low data drug discovery with one-shot learning[J]. ACS central science, 2017, 3(4): 283-293.

[95] BACHMAN P, SORDONI A, TRISCHLER A. Learning algorithms for active learning[C]//IEEE/CVF Conference on machine learning. [S. l. : s. n.], 2017: 301-310.

[96] CHOI J, KRISHNAMURTHY J, KEMBHAVI A, et al. Structured set matching networks for one-shot part labeling

[C]//IEEE/CVF Conference on computer vision and pattern recognition. [S. l. :s. n.],2018:3627-3636.

[97] HILLIARD N, PHILLIPS L, HOWLAND S, et al. Few-shot learning with metric-agnostic conditional embeddings [EB/OL]. (2018-2-12) [2022-10-22]. https://arxiv. org/pdf/1802. 04376. pdf.

[98] CHENG Y, YU M, GUO X, et al. Few-shot learning with meta metric learners[EB/OL]. (2019-1-26) [2022-10-22]. https://arxiv. org/pdf/1901. 09890. pdf.

[99] KARLINSKY L, SHTOK J, HARARY S, et al. RepMet: representative-based metric learning for classification and few-shot object detection[C]//IEEE/CVF conference on computer vision and pattern recognition. [S. l.: s. n.], 2019: 5197-5206.

[100] QIAO L, SHI Y, LI J, et al. Transductive episodic-wise adaptive metric for few-shot learning[C]//IEEE conference on computer vision. [S. l. :s. n.],2019:3602-3611.

[101] SUNG F, YANG Y, ZHANG L, et al. Learning to compare: relation network for few-shot learning[C]//IEEE/CVF conference on computer vision and pattern recognition. [S. l. :s. n.],2018:1199-1208.

[102] DONG N, XING E. Few-shot semantic segmentation with prototype learning[C]//Conference on British machine vision. [S. l. :s. n.],2018:1201-1206.

[103] WANG X, YU F, WANG R, et al. Tafe-net: task-aware feature embeddings for low shot learning[C]//Conference on Computer Vision and Pattern Recognition. [S. l. : s. n.], 2019:1831-1840.

[104] ORESHKIN B N, CARPOV D, CHAPADOS N, et al. Meta-learning framework with applications to zero-shot time-series forecasting[EB/OL].(2020-12-14)[2022-10-22]. https://arxiv.org/pdf/2002.02887.pdf.

[105] ALAJAJI D, ALHICHRI H S, AMMOUR N, et al. Few-shot learning for remote sensing scene classification[C]// Advances in Mediterranean and middle-east geoscience and remote sensing symposium. [S. l. : s. n.], 2020: 81-84.

[106] LI Y, ZHANG L, WEI W, et al. Deep Self-supervised learning for few-shot hyperspectral image classification [C]// Advances in IEEE international geoscience and remote sensing symposium. [S. l. : s. n.], 2020: 501-504.

[107] ALAJAJI D, ALHICHRI H. Few Shot scene classification in remote sensing using meta-agnostic machine [C]// Conference on data science and machine learning applications (CDMA). [S. l. : s. n.], 2020: 77-80.

[108] LI L J, HAN J W, YAO X W, et al. DLA-matchNet for few-shot remote sensingimage scene classification[J]. IEEE transactions on geoscience and remote sensing, 2021, 59(9): 7844-7853.

[109] YUAN Z W, HUANG W D, LI L, et al. Few-shot scene classification with multi-attention deepemd network in remote sensing[J]. IEEE access, 2020, 9: 19891-19901.

[110] CHENG G, CAI L M, LANG C B, et al. SPNet: Siamese-prototype network for few-shot remote sensing image scene classification[J]. IEEE transactions on geoscience and remote sensing, 2022, 60: 1-11.

[111] SHAO S, XING L, WANG Y, et al. Mhfc: multi-head feature

collaboration for few-shot learning[EB/OL].(2021-11-8)[2022-10-22].https://arxiv.org/pdf/2109.07785.pdf.

[112] HU F,XIA G S,HU J W,et al. Transferring deep convolutional neural networks for the scene classification of high-resolution remote sensing imagery[J]. Remote sensing, 2015,7(11):14680-14707.

[113] CHENG G, YANG C Y, YAO X W, et al. When deep learning meets metric learning: remote sensing image scene classification via learning discriminative CNNs[J]. IEEE transactions on geoscience and remote sensing, 2018,56(5):2811-2821.

[114] MALLAT S G,ZHANG Z F.Matching pursuits with time-frequency dictionaries[J]. IEEE transactions on signal processing,1993,41(12):3397-3415.

[115] JIANG Z L,LIN Z,DAVIS L S. Label consistent K-SVD: learning a discriminative dictionary for recognition[J]. IEEE transactions on pattern analysis and machine intelligence,2013,35(11):2651-2664.

[116] SHAO S,XU R,LIU W F,et al. Label embedded dictionary learning for image classification[J]. Neurocomputing, 2020, 385:122-131

[117] ZHANG Z,REN J H,JIANG W M,et al.Joint subspace recovery and enhanced locality driven robust flexible discriminative dictionary learning[J].IEEE transactions on circuits and systems for video technology, 2020, 30(8): 2430-2446.

[118] VINYALS O,BLUNDELL C,LILLICRAP T,et al.Matching networks for one shot learning[EB/OL]. (2017-12-29)[2022-

10-21]. https://arxiv. org/pdf/1606. 04080. pdf.

[119] CHENG G, HAN J W, LU X Q. Remote sensing image scene classification: benchmark and state of the art[J]. Proceedings of the IEEE,2017,105(10):1865-1883.

[120] ZHANG P. Few-shot classification of aerial scene images via meta-learning[J]. Remote sensing,2021,13(1):108.

[121] FORT S. Gaussian prototypical networks for few-shot learning on omniglot[EB/OL].(2017-8-9)[2022-10-25]. https://arxiv. org/pdf/1708. 02735. pdf.

[122] ORESHKIN B N,LACOSTE A,RODRIGUEZ P. Tadam: task dependent adaptive metric for improved few-shot learning[C]//Advances in neural information processing systems. [S. l. :s. n.],2018:31-44.

[123] SIMON C, KONIUSZ P, NOCK R, et al. Adaptive subspaces for few-shot learning[C]//IEEE/CVF conference on computer vision and pattern recognition. [S. l. :s. n.],2020:4136-4145.

[124] ZHAI M,LIU H P,SUN F C. Lifelong learning for scene recognition in remote sensing images[J]. IEEE geoscience and remote sensing letters,2019,16(9):1472-1476.

[125] ZHANG P,FAN G L,WU C Y,et al. Task-adaptive embedding learning with dynamic kernel fusion for few-shot remote sensing scene classification[J]. Remote sensing, 2021,13(21):4200.

[126] YE H J,HU H,ZHAN D C,et al.Few-shot learning via embedding adaptation with set-to-set functions[C]// IEEE/CVF conference on computer vision and pattern recognition,2020:8808-8817.

[127] LI Z,ZHOU F,CHEN F,et al.Meta-sgd:Learning to learn

quickly for few-shot learning[EB/OL].(2021-11-8)[2022-10-22]. https://arxiv. org/pdf/1707. 09835. pdf.

[128] WANG Y,XU C,LIU C,et al. Instance credibility inference for few-shot learning[C]//IEEE/CVF conference on computer vision and pattern recognition. [S. l. :s. n.],2020:12836-12845.

[129] ZOU H, HASTIE T, TIBSHIRANI R.Sparse principal component analysis[J].Journal of computational and graphical statistics,2006,15(2):265-286.

[130] YUAN Z,HUANG W.Multi-attention deepEMD for few-shot learning in remote sensing[C]//IEEE conference on the joint international information technology and artificial intelligence. [S. l. :s. n.],2020:1097-1102.

[131] ZOU Q,NI L H,ZHANG T,et al.Deep learning based feature selection for remote sensing scene classification [J]. IEEE geoscience and remote sensing letters,2015,12(11):2321-2325.

[132] KARL P. LIII. On lines and planes of closest fit to systems of points in space[J]. Philosophical magazine, 1901, 2(11):559-572.

[133] JOLLIFFE I T,TRENDAFILOV N T,UDDIN M. A modified principal component technique based on the LASSO[J]. Journal of computational and graphical statistics, 2003,12(3):531-547.

[134] ZOU H,XUE L Z. A selective overview of sparse principal component analysis[J]. Proceedings of the IEEE, 2018, 106(8):1311-1320.

[135] JENATTON R,OBOZINSKI G,BACH F.Structured sparse principal component analysis [J]. Journal of machine

learning research,2010,9:366-373.

[136] CHAIB S,GU Y F,YAO H X. An informative feature selection method based on sparse PCA for VHR scene classification[J].IEEE geoscience and remote sensing letters,2016,13(2):147-151.

[137] YOUSEFI B,SOJASI S,CASTANEDO C I,et al. Comparison assessment of low rank sparse-PCA based-clustering/classification for automatic mineral identification in long wave infrared hyperspectral imagery[J]. Infrared physics & technology,2018,93:103-111.

[138] ZHOU N,CHENG H,QIN J,et al. Robust high-order manifold constrained sparse principal component analysis for image representation[J]. IEEE transactions on circuits and systems for video technology,2019,29(7):1946-1961.

[139] FENG C M,XU Y,LIU J X,et al. Supervised discriminative sparse PCA for com-characteristic gene selection and tumor classification on multiview biological data[J]. IEEE transactions on neural networks and learning systems,2019,30(10):2926-2937.

[140] SUN W W,YANG G,PENG J T,et al. Lateral-slice sparse tensor robust principal component analysis for hyperspectral image classification[J]. IEEE geoscience and remote sensing letters,2020,17(1):107-111.

[141] WANG Y,XU C,LIU C,et al. Instance credibility inference for few-shot learning[C]//IEEE/CVF conference on Computer Vision and Pattern Recognition.[S. l.: s. n.],2020:12836-12845.

[142] DENG J,DONG W,SOCHER R,et al. Imagenet: A large-

scale hierarchical image database[C]//IEEE/CVF conference on computer vision and pattern recognition.[S. l. : s. n.], 2009:248-255.

[143] LIU B D, SHEN B, GUI L, et al. Face recognition using class specific dictionary learning for sparse representation and collaborative representation[J]. Neurocomputing, 2016, 204:198-210.

[144] YANG M, ZHANG L, FENG X, et al. Fisher Discrimination Dictionary Learning for sparse representation[C]//IEEE conference on computer vision. [S. l. :s. n.], 2011:543-550.

[145] GU S, ZHANG L, ZUO W, et al. Projective dictionary pair learning for pattern classification[J]. Advances in neural information processing systems, 2014(1):793-801.

[146] SUN Y L, ZHANG Z, JIANG W M, et al. Discriminative local sparse representation by robust adaptive dictionary pair learning[J]. IEEE transactions on neural networks and learning systems, 2020, 31(10):4303-4317.

[147] ZHANG Z, SUN Y, ZHANG Z, et al. Learning structured twin-incoherent twin-projective latent dictionary pairs for classification[C]//IEEE conference on data mining. [S. l. :s. n.], 2019:836-845.

[148] AKHTAR N, SHAFAIT F, MIAN A. Discriminative Bayesian dictionary learning for classification[J]. IEEE transactions on pattern analysis and machine intelligence, 2016, 38(12): 2374-2388.

[149] ZHANG Z, LI F Z, CHOW T W S, et al. Sparse codes auto-extractor for classification: a joint embedding and dictionary learning framework for representation[J]. IEEE transactions on

signal processing,2016,64(14):3790-3805.

[150] ZHU X K,JING X Y,YOU X G,et al.Image to video person re-identification by learning heterogeneous dictionary pair with feature projection matrix[J]. IEEE transactions on information forensics and security,2018,13(3):717-732.

[151] ZHU X K,JING X Y,YANG L,et al.Semi-supervised cross-view projection-based dictionary learning for video-based person re-identification[J].IEEE transactions on circuits and systems for video technology,2018,28(10):2599-2611.

[152] ZHU X K,JING X Y,MA F,et al.Simultaneous visual-appearance-level and spatial-temporal-level dictionary learning for video-based person re-identification[J].Neural computing and applications,2019,31(11):7303-7315.

[153] NICULESCU-MIZIL A,CARUANA R.Predicting good probabilities with supervised learning[C]//International conference on Machine learning,2005:625-632.

[154] YU X,REED I S,STOCKER A D. Comparative performance analysis of adaptive multispectral detectors[J].IEEE transactions on signal processing,1993,41(8):2639-2656.

[155] TATEM A J,LEWIS H G,ATKINSON P M,et al. Super-resolution target identification from remotely sensed images using a hopfield neural network[J]. IEEE transactions on geoscience and remote sensing,2001,39(4):781-796.

[156] 顾岁成.人脸识别中的子空间学习算法研究[M].北京:北京大学出版社,2009.

[157] YI Y,SHAWN N. Bag-of-visual-words and spatial extensions for land-use classification[C]//SigSpatial international

conference on advances in geographic information systems. [S. l. :s. n.],2010.

[158] XIA G S,HU J W,HU F,et al. AID:a benchmark data set for performance evaluation of aerial scene classification [J]. IEEE transactions on geoscience and remote sensing, 2017,55(7):3965-3981.

[159] DAI D X,YANG W. Satellite image classification via two-layer sparse coding with biased image representation[J]. IEEE geoscience and remote sensing letters,2011,8(1): 173-176.